西北师范大学 教育科学学院

NORTHWEST NORMAL UNIVERSITY

◆ 博士学位论文丛书 ◆

万明钢　王兆璟　总主编

职前数学教师学科教学知识研究

吴振英 ◎ 著

甘肃人民出版社

甘肃·兰州

图书在版编目（CIP）数据

职前数学教师学科教学知识研究 / 万明钢，王兆璟
总主编 ；吴振英著. -- 兰州 ：甘肃人民出版社，2024.
12. --（西北师大教育学博士学位论文丛书）. -- ISBN
978-7-226-06106-0

Ⅰ. 01-4

中国国家版本馆CIP数据核字第 2024JF2535号

责任编辑：田彩梅

封面设计：李万军

职前数学教师学科教学知识研究

ZHIQIAN SHUXUE JIAOSHI XUEKE JIAOXUE ZHISHI YANJIU

万明钢　王兆璟　总主编

吴振英　著

甘肃人民出版社出版发行

（730030　兰州市读者大道 568 号）

兰州新华印刷厂印刷

开本 787 毫米×1092 毫米　1/16　印张 16.75　插页 3　字数 260 千

2024 年 12 月第 1 版　　2024 年 12 月第 1 次印刷

印数：1~1 000

ISBN 978-7-226-06106-0　　定价：58.00 元

目　录

摘　要

学科教学知识是数学教师应具备的核心知识，是数学教师专业发展的重要指标。职前数学教师是深化基础教育数学课程改革的后备力量，他们对学科教学知识的掌握状况不仅直接关系着其职后学科教学知识的生成和发展，也影响着数学课程改革的纵深推进。鉴于合理界定我国职前数学教师数学教学知识的构成仍然是当前研究中的难点，本研究以职前数学教师的学科教学知识作为研究主题，期望从理论层面构建职前数学教师的学科教学知识的指标体系，为基于国考背景下的教师资格考试中数学学科教学知识的命题、考核、评价提供一个可参考的理论框架，从而有助于数学教师学科教学知识的检测和诊断；从实践层面旨在探究提升我国职前数学教师的数学教学知识的有效策略，期望能够为相关院校职前教师培养和在职教师培训提供决策依据和策略借鉴。

本文拟研究的问题是："职前数学教师应该具有怎样的数学教学知识？应该采取什么策略来提升我国职前数学教师的数学教学知识？"对于这个问题，又分解成三个子问题：（1）职前数学教师需要什么样的数学教学知识？从理论上来讲，职前数学教师的数学教学知识应包括哪些要素？这些要素各自的重要程度如何？（2）职前数学教师目前拥有的学科教学知识如何？职前数学教师学科教学知识现状是怎样的？职前数学教师的学科教学知识是如何获得的？影响因素有哪些？（3）如何发展我国职前数学教师学科教学知识？如何有效提升职前数学教师的学科教学知识？对于这三个子问题的回答就是本研究的结论。

为此，本研究运用了文献法、德尔菲法、调查问卷法、访谈法等方法进行研究。

本研究在对职前数学教师的学科教学知识的概念、内涵进行界定的基础上，结合数学教师在职前这个特定阶段学科教学知识发展的特点和已有研究结果、专家调查以及《教师教育课程标准（试行）》、《中学教师专业标准（试行）》、《中小学和幼儿园教学资格考试标准（试行）》、《数学学科知识与教学能力大纲》等文件对职前数学教师以及新入职教师的要求，初步构建了职前数学教师学科教学知识体系。通过德尔菲法和专家征询的方式对相关的指标进行筛选与修正，最终构建了包含 5 个维度、10 个一级指标、42 个二级指标的职前数学教师学科教学知识体系。该体系以 5 个维度（关于数学课程资源的知识、关于数学课程内容的知识、关于学生数学学习的知识、关于数学教学的策略性知识、关于数学教与学的评价性知识）为主线，用问题串"用什么教？教什么？教给谁？怎样教？教得怎样？学得怎样？"贯穿覆盖了整个职前教育阶段数学教师学科教学知识的核心内容。这五部分内容彼此之间不是零散的，也不是并列的，而是相对独立，但又互相融合，形成一个紧密的整体。专家视角下五个维度对职前数学教师的重要程度由高到低依次为：关于数学教学的策略性知识、关于数学课程内容的知识、关于学生数学学习的知识、关于数学教与学的评价性知识、关于数学课程资源的知识。

在上述基础上，以职前数学教师学科教学知识的指标体系拟定的相关调查问卷为主，辅以访谈法，对我国不同地域不同层次水平的六所师范院校 599 名职前数学教师的学科教学知识现状进行了实证研究，得到如下结论。（1）我国高师院校职前数学教师学科教学知识的掌握情况有所提升，但其整体水平仍相对较低。职前数学教师在数学教学的策略性知识和关于学生数学学习的知识方面具备程度较高，但如何将这些知识运用于教学实施和组织管理课堂仍是职前数学教师的薄弱环节。职前数学教师关于数学课程内容的知识具备程度偏弱。超过一半的职前数学教师认为自己在数学课程内容的知识方面存在欠缺。职前数学教师在数学教与学的评价性知识方面具备程度较低，在数学课程资源知识方面的具备程度最低。（2）职前数学教师所具备的学科教学知识虽存在性别差异，但这种差异仅在个别维度和个别领域显著，从整体上看并不显著。（3）职前数学教师所具备的学科教学知识存在显著的地域差异。（4）不同学校类别的职前数学教师学科教学知识具备程度存在显著差异。

研究发现，在职前数学教师学科教学知识形成与发展的过程中，中小学求学期间的经历对职前数学教师学科教学知识的形成与获得帮助最大，而高等院校的培养和自己在大学期间的家教、带班经验，这两种来源对于职前数学教师在形成与获得他们学科教学知识方面基本上具有相同的重要性，而学生课外的自学在职前数学教师学科教学知识的形成与获得过程中虽有一定作用，但其作用在这四大维度中占比最小。在职前数学教师学科教学知识形成与发展的机制上，中小学求学期间的认识与经历是发展职前教师学科教学知识的起点；师范院校系统化的专业教育是深化职前数学教师学科教学知识的途径；教学实践是升华职前教师学科教学知识的途径；体验与反思是内化职前教师学科教学知识的途径。

研究表明，职前数学教师学科教学知识的形成与发展受到师范院校数学与应用数学专业（师范类）的培养目标、课程设置、课程内容、教学方式、教学评价以及职前数学教师自身专业发展意识等多种因素的影响，主要反映出的问题为：（1）目标定位宽泛，跨学段的特征明显，目标定位多元，教学与研究并重；（2）学科类与教育类课程占主体，数学教育类课程偏少、实践类课程比例偏低，且缺乏行之有效的考核方式；（3）课程内容无法与时俱进，难以适应中学数学教学的实际需要，教学实践类课程内容难以有效地指导教学实践，可迁移性弱；（4）教学方式日趋多样化，但仍与学生的需求存在较大差距，职前数学教师参与教学活动的深度与广度有待提升；（5）缺乏有效的实践教学考核方法，难以科学地评判职前教师的教学能力，以教师评价为主的实践教学评价方式，不足以提升职前教师对教学的自我评价和反思能力，理论知识与实践教学在评价中的割裂与分离，不利于两者的融合；（6）职前数学教师的职业认同较低，职业规划不清晰，职前数学教师参与教学实践的积极性有待提升。

立足职前数学教师学科教学知识的现状，研究者提出培养和发展职前数学教师学科教学知识的策略主要为：（1）明确培养目标的定位和要求；（2）改进和完善课程设置；（3）优化和完善课程内容；（4）丰富和拓展教学方式；（5）建立和完善教学评价；（6）增强职业认同，使职前数学教师能够积极参与并反思教学实践。

关键词：职前数学教师；学科教学知识；来源；影响因素；策略

Abstract

Pedagogical content knowledge is the core knowledge that mathematics teachers should possess, and it is an important indicator system for the professional develop-ment of mathematics teachers. Pre-service mathematics teachers are theimportant re-serve forces to deepen the reform of mathematics curriculum in fundamental educa-tion, their mastery situation of pedagogical content knowledge is not only directly re-lated to the generation and development of post-service pedagogical content knowl-edge, but also affects the depth advance to the mathematics curriculum reform. Inthe light of rationally defining the composition of mathematics pedagogical content knowledge of pre-service mathematics teachers in China is still a difficult point in current research, this research takes the pedagogical content knowledge of pre-ser-vice mathematics teachers as the research subjectand expects to construct the indica-tor system on pedagogical content knowledge of pre-service mathematics teachers from the theoretical level, further to provide a reference theoretical framework for propositions, assessments, and evaluations of pedagogical content knowledge in the mathematics subject ofteacher qualification test under the background of the national exam, which is helpful to detect and diagnose the pedagogical content knowledge of incoming mathematics teachers; this study aims to explore effective strategies for improving mathematics pedagogical content knowledge of pre-service mathematics teachers in Chinafrom a practical perspective, hoping to provide decision-making basis and strategies for pre-service teacher training and in-service teacher training for related schools.

These are the research questions that this research referred: "What kind of mathematics pedagogical content knowledge should pre-service math teachers have? What strategies should be adopted to improve mathematics pedagogical content knowledge for pre-service math teachers in China?" For this question, it is decomposed into three sub-questions: (1) What mathematics pedagogical content knowledge is needed for pre-service mathematics teachers? What factors should be included in pre-service mathematics teachers' pedagogical content knowledge in theory? How important are the respective levels of these elements? (2) How about the pedagogical content knowledge currently possessed by pre-service math teachers? -What is the current situationabout pedagogical content knowledge of pre-service math teacher? How did the pre-service math teachers' pedagogical content knowledge be obtained? What are the influencing factors? (3) How to develop the pedagogical content knowledge of pre-service math teachers in China? How to effectively improve the pedagogical content knowledge of pre-service mathematics teachers? The conclusions of this research are answers to these three sub-questions.

For this reason, this study used the literature method, Delphi method, questionnaire method, interview to discuss this research.

On the basis of the definition of the concepts and connotations of pre-service mathematics teachers' pedagogical content knowledge, this research tried to construct the pre-service math teacher pedagogical content knowledge system which combined the features of pedagogical content knowledge betweenpre-service math teachers with some existed research results, expert survey and requirements for pre-service math teachers and new teachers in "The Curriculum Standards of Teacher Education (Trial)", "Professional Standards for Secondary School Teachers (Trial)", "The Teaching Qualifications Standards for Primary and Secondary Schools and Kindergartens (Trial)", "The Syllabus of Mathematical Subject Knowledge

and Teaching Ability ". Furthermore, the paper screened and corrected the rele-
vant indicators through the Delphi method and expert consultation and finally con-
structed the pedagogical content knowledge system for pre-service math teacher that
including five dimensions, 10 first-level indicators, and 42 second-level indica-
tors. The system is based on five dimensions: knowledge about mathematics curricu-
lum resources, knowledge about mathematics curriculum content, knowledge about
students' mathematics learning, strategic knowledge about mathematics teaching,
and evaluation knowledge about mathematics teaching and learning as the main line.
"What to teach? To whom? How to teach? How to teach? How to learn?" covered the
core contents of mathematics teachers ' pedagogical content knowledge in entire
curriculum of pre-professional education. These five parts are not only fragmented or
even juxtaposed with each other, but also relatively independent,mutually integrated
and form a close overall. From the perspective of experts, the importance of the five
dimensions of pre-service mathematics teachers from high to low is: strategic knowl-
edge about mathematics teaching, knowledge about mathematics curriculum con-
tent, knowledge about student learning mathematics, evaluation of mathematics
teaching and learning knowledge,knowledge about mathematics curriculum resources.

On the basis of the above, this research puts the relevant questionnaires that
drawn up by the index system of pre-service mathematics teachers' pedagogical
content knowledge, and did empirical research about 599 pre-service mathematics
teachers in 6 normal colleges and universities at different levels in different regions in
China with the interview method, and the following conclusions have been drawn:
(1) The mastery situation of pedagogical content knowledge for pre-service mathe-
matics teachers in China has improved, but its overall level is still relatively low.
Pre-service mathematics teachers have a high degree of tactical knowledge about
mathematics teaching and students' knowledge about mathematics learning, but
how to apply this knowledge to teaching implementation and organize management
classroom is still a weak link for pre-service math teachers. Pre-service mathematics

teachers have a weak degree of knowledge about the content of mathematics courses. More than half of pre-service math teachers consideredthey are lack of knowledge about the content of the math curriculum. Pre-professional mathematics teachers have a low level of evaluation knowledge about mathematics teaching and learning, and they have the least degree of knowledge about mathematics curriculum resources; (2) there are gender differences in the pedagogical content knowledge possessed by pre-service mathematics teachers. These differences are only significant in individual dimensions and individual areas, and it is not significant as a whole. (3) there are significant geographical differences in subject teaching knowledge possessed by pre-service math teachers; (4) thereexists the significant differencein the degree of possessing pedagogical content knowledgein different school types.

This research finds that during the formation and development of pedagogical content knowledge for the pre-service math teacher,the experience during primary and secondary schools helped the formation and acquisition of pedagogical content knowledge for the pre-service math teacher a lot,and the training of higher education institutions and their own tutoring and teaching experience are basically the same importance for pre-service mathematics teachers in the formation and acquisition of their pedagogical content knowledge, while there is a certain degree in the formation and acquisition of pre-service mathematics teachers' pedagogical content knowledge for students after class, but its role in the four major dimensions of the smallest. On the mechanism of formation and development of pre-service mathematics teachers' teaching knowledge, the understanding and experience during the study of primary and secondary schools is the starting point for the development of pedagogical content knowledge for pre-service teacher; the systematic professional education in teachers' colleges is the approach to deepen pedagogical content knowledge for the pre-service math teacher; teaching practice is the platform for the promotion pedagogical content knowledge for the pre-service math teacher; experience and reflection is the way to internalize pedagogical content knowledge for the pre-service math teacher.

The research shows that the formation and development of pre-service mathe-
matics teachers' pedagogical content knowledge is mainly dictated by the training
objectives, curriculum, and course content, teaching methods, teaching evalua-
tion, and pre-service mathematics teachers of normal college mathematics and ap-
plied mathematics majors (teachers' classes) and affected by professional develop-
ment consciousness of pre-service mathematics teachers and other factors, the main
problems reflected by the influence of self-factors are: (1) Broad target position-
ing, distinct characteristics of inter- academic segment, multiple objectives, and
emphasis on teaching and research; (2) subject-based and educational courses are
the main part and mathematics education classes are less and the proportion of practi-
cal courses is low, and there is no effective assessment method; (3) The content of
the curriculum is difficult to keep up with the times and adapt to the actual needs of
mathematics teaching in middle schools, the contents of teaching practice courses
are difficult to effectively guide the teaching practice and has the poor mobility; (4)
Teaching methods are increasingly diversified, but there is still a large gap between
the needs of students and the depth and breadth of pre-service math teacher partici-
pation in teaching activities need to deepen; (5) Lack of effective practical teaching
assessment methods and difficult to scientifically evaluate the teaching ability of pre-
service teachers and the evaluation of practical teaching based on teacher evaluation,
the ability of increasing self-evaluation and reflection on teaching are not enough,
the separation between theoretical knowledge and practical teaching in evaluation is
not conducive to their integration; (6) pre-service mathematics teachers' profes-
sional identity is low and career planning is not clear, pre-service mathematics
teachers involved in teaching practice initiative should be improved.

Based on the present situation of pre-service mathematics teachers' pedagogi-
cal content knowledge, the author proposes the following strategies for cultivating
and developing pedagogical content knowledge for pre-service math teacher: (1)
clarify the orientation and requirements of the training objectives; (2) improve and

complete the curriculum setting; (3) optimize and complete course content; (4) enrich and expand teaching methods; (5) establish and improve teaching evaluation; (6) enhance professional identity and in order to make pre-service math teachers can actively participate in and reflect on teaching practices.

Key Words: pre-service math teachers; pedagogical content knowledge; source; influencing factors; strategies

一、问题的提出

(一) 研究背景及意义

古语曰"师者，所以传道授业解惑也"，为了有效地"传道""授业"，帮助学生"解惑""答疑"，师者须有足够的知识储备量。然而，教师拥有的知识量与其教学效果并不直接相关。对"教师应该具备什么样的知识""哪些知识更有助于教师教学"的思考一直是教师教育和教师知识评价研究中关注的焦点问题。自 20 世纪 80 年代中期，学科教学知识（PCK）的提出有力地推动了教师知识的研究及教师专业化的发展。在我国，2012 年公布的《中学教师专业标准（试行）》首次明确地把具备一定的学科教学知识作为获得教师资格的必备条件。同时，有研究表明：在数学教学中，数学教师的 PCK 对学生数学学习成绩的影响表现出非常显著的水平，其对数学教师各项教学能力的发展都有显著贡献。[①]然而，在课程实施过程中，教师的数学教学知识发展状况却不容乐观[②]。因此，深入研究未来数学教师队伍的后备军——职前数

[①] 李萍,倪玉菁.教师变量对小学数学学习成绩影响的多水平分析[J].教师教育研究,2006,18（3）:74-80.

[②] 童莉. 初中数学教师数学教学知识的发展研究——基于数学知识向数学教学知识的转化[D].重庆:西南大学,2008.

学教师的学科教学知识状况是提升教育质量和有效实施教学的重要保障，也是针对性地开展教师教育、培训和评价的前提和依据。

1. 深化基础教育数学课程改革的需要

始于 2001 年的新一轮基础教育课程改革从理念、内容到实施均对教师的专业能力提出了较高要求。教师的学科教学知识直接影响着学生对学科内容的理解和把握，进而决定着学科教学的质量和效果，是课程改革的目标有效落实到课堂层面的关键。因此，拥有一批学科教学知识丰富的高素质师资队伍是顺利推进课程改革、实施高质量教学的保障和基础。然而，随着新一轮基础教育课程改革的深入推进，课程改革的内在要求与教师专业知识和技能不足之间的矛盾日益凸显[①]。对于数学教学而言，教师的学科教学知识是影响数学教与学的关键变量[②]，教师的数学教学知识与学生学业成绩呈显著正相关，其中数学教学知识中的内容和学生的知识（KCS）对学生学业成绩的贡献率最大[③]。然而在课程实施过程中，教师的数学教学知识发展状况却不容乐观[④]。我国著名数学教育家张奠宙教授也认为，目前中国数学学科教学知识（MPCK）的研究势在必行，也必将成为未来研究的重点[⑤]。基于此，提升数学教师的学科教学知识尤为迫切和必要。由于职前数学教师是深化基础教育数学课程改革的后备力量，他们对学科教学知识的掌握状况不仅直接关系着其职后学科教学知识的生成和发展，也影响着数学课程改革的纵深推进。因此，对职前数学教师的学科教学知识进行系统研究将有助于深化数学课程改革，提升教学的有效性。

---

① 马敏.PCK 论——中美科学教师学科教学知识比较研究[D].上海:华东师范大学,2011.
② 鲍银霞,孔企平.学科教学知识:影响教与学的关键变量——教师的 MPCK 对数学教与学影响实证研究述评[J].教育发展研究,2014(18):13–19.
③ 刘晓婷,郭衍,曹一鸣.教师数学教学知识对小学生数学学业成绩的影响[J].教师教育研究,2016,28(4):42–48.
④ 童莉.初中数学教师数学教学知识的发展研究——基于数学知识向数学教学知识的转化[D].重庆:西南大学,2008.
⑤ 章勤琼,方均斌.2013 年"国际视野下中国特色的数学教师 MPCK 研究"专题国际数学教育研讨会会议纪要[J].数学教育学报,2013,22(4):101–102.

2.完善职前数学教师学科教学知识评价的需要

20世纪80年代，美国学者舒尔曼教授鉴于当时美国教师资格认证制度的缺失，首次提出了学科教学知识的概念。学科教学知识概念的提出，促进了美国教师专业化的发展，特别是对美国教师专业标准的制定具有重要的指导价值。而我国从2015年起全面实现"国标、省考、县聘、校用"的全国统一的教师资格考试常态化，这意味着无论是师范类毕业生还是非师范类专业人员，只有通过国家教师资格考试且持有证书者才能被各类教育机构聘任为教师。这一举措有助于打破独立、封闭、定向的教师教育体系，吸引更多优秀人才加入教师队伍，但不少非师范专业人员缺乏对教育理论课程的系统学习和一定的教学实践经历，教学水平参差不齐。因此，建立一套科学适用而有效的质量检测手段作为选拔优秀师资的保障尤为重要。我国2012年颁布的《中学教师专业标准（试行）》首次明确把学科教学知识作为中学教师应该具备的四种专业知识之一，并把具备一定的学科教学知识作为获得教师资格的必备条件，至此，学科教学知识被正式纳入了教师知识考核范围，而"数学学科知识与教学能力"也成为获取中学数学教师资格的必考科目。同时，就数学学科而言，美国、英国、德国、法国等西方发达国家均先后建立了各自的数学教师专业标准，并根据任教学段的不同，在标准中对数学教师的学科教学知识进行了较为详细的要求。我国虽颁布了相关学段教师的专业标准，但仍没有建立具有学科特色的数学教师专业标准。尽管学科教学知识的提出引起了教育界的广泛关注，但研究者对于学科教学知识的构成可谓莫衷一是[①]。

学科教学知识领域的权威专家，荷兰莱顿大学教育学院院长扬·范德瑞尔教授在2015年谈及PCK未来发展的趋势时，也指出目前最为焦点的问题是如何采取有效的方式来衡量和评价教师的PCK[②]。而有关数学教师学科教学

① 汤杰英,周竞,韩春红.学科教学知识构成的厘清及对教师教育的启示[J].教育科学,2012,28(5):37.
② 翟俊卿,王习,廖梁.教师学科教学知识(PCK)的新视界——与范德瑞尔教授的对话[J].教师教育研究,2015,27(4):6-10.

知识的评价也一直是难点问题[①]。因此，对职前数学教师的学科教学知识体系以及现状进行系统研究，不仅能够为当前基于国考背景下教师资格考试中有关数学教学知识的命题、考核、评价和将来建立科学的数学教师专业标准评价体系提供可靠依据，也是职前数学教师学科教学知识评价工具完善与发展的需要。

3. 提高数学教师专业化水平的需要

20 世纪下半叶以来，世界各国纷纷将提高教师的专业水平作为改进教育质量的重要手段，教师的专业化发展日趋成为人们关注的焦点。专业知识与技术作为判断一个职业专业性的首要标准逐渐引起了人们的重视。而学科教学知识则被认为是教师从事教学活动的知识基础，它从根本上决定了教师职业的专业性。因此，教师专业发展必然以学科教学知识的习得与拓展为前提[②]。就数学教师专业化发展而言，全美数学教师理事会（NCTM）一直都把"教师专业发展"作为重要的研究范畴之一，并专门颁布了《数学教师专业发展标准》。数学教师所具有的独特的学科教学知识是其区别于数学家以及其他学科教师的重要特征，也是其专业发展的生长点。学科教学知识的建构程度是判断数学教师专业发展程度的重要指标。然而，童莉（2008）通过研究发现，学科教学知识的发展不论是在我国职前数学教师教育中，还是在职后的数学教师培训中都处于一种被忽视或边缘化的状态。[③]

作为教师专业知识结构的核心，学科教学知识是学科教学领域的热点问题。它不仅有浓重的学科色彩，而且其形成与发展的过程是分阶段的。如 Ho（2003）提出教师 PCK 的发展是分阶段逐渐改变的过程：（1）模仿阶段；

① 陈碧芬,张维忠.数学教学知识评价工具评价及启示[J].浙江师范大学学报(社会科学版),2014(4):97-101.
② 唐泽静,陈旭远."学科教学知识"的发展及其对职前教师教育的启示[J].外国教育研究,2010,37(10):68-73.
③ 童莉.初中数学教师数学教学知识的发展研究——基于数学知识向数学教学知识的转化[D].重庆:西南大学,2008.

（2）动机激发阶段；（3）专家阶段。[①]岳定权（2009）认为PCK的发展经历四个阶段：（1）分离阶段；（2）初步形成阶段；（3）融合阶段；（4）个性化阶段。[②]基于教师对学科知识和教学知识的理解以及情境知识的建构存在阶段性差异，故学科教学知识在不同发展阶段的组织和结构也会有所不同。对于职前数学教师而言，该阶段的学科教学知识正处于初步形成和融合阶段，其发展优劣不仅是衡量其职业准备充分度的重要标志，在某种程度上也影响甚至决定着其专业发展程度的高低。

基于职前教育是教师专业发展周期中不可分割的重要阶段，教师在职前阶段的学科教学知识储备将会为其职业生涯中后续专业能力的提升与发展奠定理论知识基础和实践能力基础，对其专业化发展具有至关重要的作用。因此深入研究职前数学教师的学科教学知识，将有助于增强职前教育与职后培训在培养目标、课程设计、评价与考核等方面的连贯性和针对性，推进中学数学教师职前职后教育的一体化。

4. 提升职前数学教师培养质量，完善培养机制的需要

正如美国教育家科南特（James B. Conant）所说："学校课程的质量极大地依赖于教师的质量，教师的质量又极大地依赖于他们的职前教育质量。"职前教师的培养一直是中外教育界关注的热点课题。殷玉新，马洁（2016）通过研究发现：2001—2015年国外教师专业发展研究的热点领域在教师专业发展主体方面为职前教师、师范生和新手教师。[③]而在我国，随着新一轮科技革命和产业革命的孕育兴起以及全面建设社会主义现代化国家新征程的开启，对人才的需求比以往更为紧迫，教育和教师的作用和地位就愈发凸显。然而，正如教育专家李镇西所指出的，很多教师往往爱孩子，也有想把教育做好的真诚愿望，但业务素养欠理想，教育科学智慧不够用，总之整体素质平平。

① 马敏.PCK论——中美科学教师学科教学知识比较研究[D].上海:华东师范大学,2011.
② 岳定权.浅议教师学科教学知识及其发展[J].教育探索,2009(2):80-81.
③ 殷玉新,马洁.国外教师专业发展研究的新进展[J].全球教育展望,2016(11):84-98.

基于教师地位的重要性和我国当前教育的实际状况，提高教师行业的整体素质，建设一支高素质专业化的教师队伍尤为重要。由于师范院校仍是我国当前教师教育的主体，承担着教师教育发展的重任，因此办好师范院校，既是教师教育的固本之策，也是深化教师队伍建设的战略性举措。

基于此，在教育部作出在"十三五"期间，我国现有的 181 所师范院校一律不更名、不脱帽，聚焦教师培养主业这一决定的基础上，中共中央、国务院在 2018 年初发布的《关于全面深化新时代教师队伍建设改革的意见》这一重要文件中更明确提及要建立以师范院校为主体，高水平非师范院校参与的中国特色师范教育体系，并要确保师范院校坚持以师范教育为主业，突出师范教育特色。这些均说明强调师范性与学术性并重，并注重两者之间相互融合的师范院校仍然是我国教师培养的主渠道和中坚力量，包括学科教学知识在内的学科教育类课程作为高师院校师范类专业的优势与特色应充分得到凸显。

对于众多高师院校的数学师范类专业而言，作为数学知识与教学知识的深度整合与运用，学科教学知识在深化职前数学教师对专业知识的理解，提升其教学实践能力方面具有不可替代的作用。因此，学科教学知识在相关的课程规划和实施中得到了重视与强调。然而截至目前，我国现有文献中对近年来我国职前教师学科教学知识现状还缺乏系统深入的实证研究，在教师教育研究中，学界对有关职前数学教学知识的框架建构也远未形成共识。范良火教授（2003）在对美国伊利诺伊州芝加哥大都市区公立中学的 77 名在职高中数学教师的调查中发现，相当一部分教师在职前培训中关于一些基本的教学知识（技能）没有得到必要的培训，以至于不得不依靠其他来源来发展那些没能在职前培训中学到的教学知识。[①]而近几年我国也有观点认为：在职前教育或职后培训中教师所学的相关知识对于他们所进行的教学实践并没有多大的用处，或者说，这些知识对于实际教学的有效性不高。[②]那么构建一个合

---

① 范良火.教师教学知识发展研究[M].上海:华东师范大学出版社,2003.
② 李渺.教师的理性追求——数学教师的知识对数学教学的影响研究[D].南京:南京师范大学,2007.

理可行的职前数学教师学科教学知识的框架体系，客观地了解我国职前数学教师学科教学知识的现状，有助于为完善和改进职前数学教师的学科教学知识的培养机制提供理论支撑和依据，具有极强的现实意义。

(二) 相关概念及范围界定

1. 职前数学教师

职前教师 (pre-service teacher) 是与在职教师 (in-service teacher) 的称谓相对应的。随着近年来我国教师培养体系开放化和多元化的发展，无论是师范类毕业生还是非师范类专业人员，通过国家教师资格考试且持有证书者均可以被各类教育机构聘任为教师。本文中的职前教师是指接受了系统的高等教育，即将毕业并准备参加教师资格考试，有强烈从教意向的准教师群体。鉴于当前高等师范院校的毕业生仍然是基础教育师资队伍的主体力量，故不少研究资料中也习惯地将在各级各类师范院校学习的、未来拟从事教师职业的学生称为师范生。本研究中职前数学教师是指在各级各类不同层次的师范院校中完成了包括教育实习在内的所有数学教师教育类课程的学习，即将走向教学岗位的大四本科生。

2. 学科教学知识

学科教学知识 (Pedagogical Content Knowledge，简称 PCK) 是由斯坦福大学教授舒尔曼 (Shulman) 在 20 世纪 80 年代针对当时美国教师资格认证制度提出来的一个重要概念，其旨在提高教师的专业标准。他认为，PCK 是有别于纯粹的学科知识和一般的教学法知识，是以学科知识为基础衍生出来的知识，是一种最适合可教性的学科知识；[1]PCK 是教师所特有的学科内容和教学

---

① Shulman L S. Those Who Understand: Knowledge Growth in Teaching[J]. Educational Researcher, 1986,15(7):4-14.

法的特殊混合体，是教师自身对专业理解的特殊形式。[①]

自舒尔曼提出学科教学知识概念后，相继有不少学者基于不同的视角对PCK的内涵进行了界定，出现了以舒尔曼为代表的静态分析和以科克伦为代表的动态建构两种不同的阐释路径。静态分析研究者认为，学科教学知识是一种独立存在的知识体系，它有别于学科知识与一般教学知识，是从学科教学知识内部的构成要素上去理解学科教学知识。而动态建构研究者则根据建构主义的观点，认为教学知识并不独立存在于其他知识领域之外，因此无需将学科知识、教学知识与学科教学知识作明确划分，其更关注学科教学知识的生成及影响因素，属于动态发展研究。从外在的形式来看，专业化必然要求学科知识、教学知识、学科教学知识的分离，因为这样才可能在研究中分门别类，更有针对性，但就教师自身内在的专业能力来看，则更加强调三者之间的融合和整合。自20世纪末以来，对学科教学知识的研究逐渐由单一的理论思辨向教学实践回归，将PCK与具体的学科相结合，分析它对不同学科教师教学所产生的影响成为重要的研究课题。

PCK这一概念的提出至今已将近30年，但学术界对PCK尚未形成统一的概念。[②]但其有以下几个共同点。（1）学科教学知识是在实践中发展和升华的隐性知识，它不会随着学科知识和教学知识的获得而自然生成。仅仅知道学科知识和教学知识并不能直接促成教师在教学中将学科知识转化为学生可以理解的知识，而需要在实践中结合学生的思维特点进行转化和融合。（2）要发挥和提升学科教学知识在教学中的作用，不仅要提升学科教学知识在教师知识结构中的储备数量，更要关注这些知识彼此间的整合以及在教学实践中的应用。（3）学科教学知识的核心内涵在于将学科知识转化和表征为学生可理解和接受的形式，故学科教学知识应立足于能力和背景各异的学生的多样化需求。

---

① Shulman L S. Knowledge and teaching:Foundations of the reforms[J].Harvard Educational Review, 1987,5(1):1–22.
② 翟俊卿,王习,廖梁.教师学科教学知识(PCK)的新视界——与范德瑞尔教授的对话[J].教师教育研究,2015,27(4):6–10.

因此，本研究中的学科教学知识是指以学科知识为基础，旨在将学科知识以学生更容易理解和接受的表征方式来表述、呈现和解释的知识。虽然其与学科知识、一般教学知识有密切关系，但它却不是学科知识和教学知识简单的叠加或者累积。学科教学知识是独立存在于学科教师的知识结构体系之中的，是学科知识与教学知识深度融合与转化所形成的一种较为独特的新知识，该知识不易觉察各自的属性，也无法析出最初的成分，在应用过程中更强调教学的情境性和学科性。

3. 职前数学教师学科教学知识

数学教师的学科教学知识是数学知识与教学知识有效融合而生成的知识，不少研究文献中也称为数学教学内容知识（Mathematics Pedagogical Content Knowledge，简称 MPCK）或数学学科教学知识。它是将特定的数学知识以学生能够理解的方式进行表述、呈现与解释，帮助学生在既定的情境中构建最有效的理解，以适应学生的需要。数学教师的学科教学知识是数学教师基于数学知识、依据教学知识、整合情境知识而生成的综合性知识。其中，教师所拥有的数学知识是其学科教学知识发展的基础和本体，教师数学知识的理解水平制约着教师 MPCK 的水平，数学知识的缺乏会影响学科教学知识的生成。教学知识为学科教学知识提供方法论指导，是学科教学知识生成的条件。情境知识则是促进学科教学知识运用和迁移的重要载体。然而，数学学科教学知识并不等同于这三种知识的简单叠加与移植，而是以这三种知识为主体的知识在教师认知结构中的深度融合与加工，其最终的生成与深度应用离不开教师的主动建构。MPCK 直接关系到数学教学过程中问题解决策略的选择和教学方法的运用。

由于学科教学知识既可以看作是学科教学过程中使用的动态的情境性或发展性知识，也可以看作是教师在分析教学问题时所具有的静态的分析或概念性知识。对于职前数学教师而言，其学科教学知识正处于初步形成与融合阶段，学科知识和教学知识还没有充分融合，难以形成具有明显个体特征的学科教学知识，因此职前教师的学科教学知识建构远远还未达到个性化阶段。

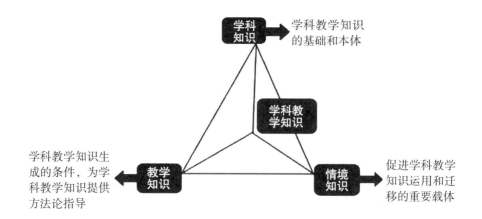

图 1–1　职前数学教师学科教学知识的内涵

因此，对职前教师的学科教学知识的研究在静态的框架中进行动态分析更有意义，本研究更关注的是这些特征成分。

综上，本研究中将职前数学教师的学科教学知识界定为职前数学教师经过系统的专业学习后，面对虚拟（教学预设）和真实的数学教学情境时，能够激活并外显于相应决策和行动中的知识。研究遵循舒尔曼对教师知识的分类，把职前教师的学科教学知识视为与数学学科知识相并列的独立的知识构成，结合职前数学教师学科教学知识所呈现的内在特点，认为职前数学教师的学科教学知识主要涵盖数学课程资源知识、数学课程内容知识（不包含数学学科知识）、数学教学的策略性知识、学生数学学习的知识、数学教与学的评价性知识等。

（三）研究问题的表述

基于上述背景分析，本研究将着重对职前数学教师的学科教学知识进行研究。虽然学界均认为职前数学教师具有了一定的学科教学知识，但这些学科教学知识的"质"及其相应的"量"如何？能否满足职前教师日后教学的实际需要并支撑其后续的专业发展呢？目前国内有一些比较零散的研究，这些虽然为后期的研究奠定了重要的基础，但仍不够系统全面。因此，本研究在对数学教师学科教学知识特别是职前数学教师学科教学知识的内涵、特征、构成要素等进行系统梳理和研究的基础上，聚焦"职前数学教师应该具有怎样的学科教学知识？应该采取什么策略来发展我国职前数学教师的学科教学知识？"，研究和思考如下三个大问题：

（1）职前数学教师需要具备什么样的学科教学知识？从理论上来讲，职前数学教师的学科教学知识应包括哪些要素？这些要素各自的重要程度如何？

（2）职前数学教师目前拥有的学科教学知识如何？职前数学教师学科教学知识现状是怎样的？职前数学教师的学科教学知识是如何获得的？影响因素有哪些？

（3）如何发展我国职前数学教师学科教学知识？如何有效发展职前数学教师的学科教学知识？

第一个问题是通过追溯与分析已有相关文献以及梳理《教师教育课程标准（试行）》《中学教师专业标准（试行）》《中小学和幼儿园教学资格考试准（试行）》《数学学科知识与教学能力大纲》等文件对数学教师特别是新入职数学教师在学科教学知识方面的具体要求，并以此为基础制定职前数学教师学科教学知识指标体系，然后利用该工具通过专家（以数学教育专家以及一线资深数学教师为主体）访谈和调查，了解职前数学教师所应具备的学科教学知识的"量"和相应的"质"，最终确定职前数学教师学科教学知识的各项指标体系，形成系统完整又可操作性强的职前数学教师学科教学知识的最终理论框架。

第二个问题是在第一个问题的基础上，根据职前数学教师数学教学知识的理论框架，通过对不同层次师范院校数学师范类毕业班学生的实证调查分析，测定这些职前教师自认为"理论框架"各项内容的"具备程度"，得出职前数学教师学科教学知识的现状，并通过问卷调查、分析不同层次师范院校数学与应用数学专业（师范类）的培养方案、职前教师访谈以及课堂观察来探求职前数学教师学科教学知识的影响因素。

第三个问题是根据专家访谈的应然状态以及实证调查的实然状态所存在的差距，有针对性地提出优化我国职前数学教师学科教学知识的有效策略。

二、文献综述

本研究以"中国期刊全文数据库"为平台，先后以"学科教学知识""职前教师学科教学知识""职前数学教师学科教学知识""数学师范生的培养"等多个关键词，检索了《教育研究》《全球教育展望》《课程·教材·教法》《数学教育学报》等国内有影响力的学术期刊和相关的优秀博士、硕士学位论文，并通过"web of science""First Search"等学术搜索引擎搜集部分相关的重要文献。

（一）关于学科教学知识的相关研究

1. 学科教学知识的缘起

教师知识是教师从事教育教学工作的前提条件，对于教师究竟需要拥有"什么样"和"多少"知识才能胜任教学工作的思考，是一个深受关注而又历久弥新的话题。追溯教师知识基础发展的历程，可发现其依次经历了三个不同的历史阶段。

表 2-1　教师知识基础发展的主要阶段及特点

阶段名称	时间	教师知识的主要特点概述
学科知识阶段	19 世纪以前	在"有足够的学科知识储备就能当好一名教师"的影响下，学科知识构成了教师知识基础的全部。对教师的培养与学者、科学家的培养没有大的区别

续表

阶段名称	时间	教师知识的主要特点概述
学科知识+教育知识阶段	19 世纪—20 世纪 80 年代初	学科知识仍是培养重点，教育学学科的诞生使得教育知识成为教师培养的必备内容之一，但它所占比重和地位都较低。始于 20 世纪的教师教育专业化改革，提升了教育知识在教师培养中所占的比重，教师知识开始关注教学本身，但学科知识与教育知识处于松散分离状态，还不能够产生区别教师和科学家等其他知识分子的专业教学能力
	20 世纪 80 年代中期—现在	舒尔曼提出了学科教学知识概念，使得教师知识的专业化程度得到增强，凸显了教师的职业特性

20 世纪 80 年代以后，舒尔曼认为要推进教师的专业化就必须要保障专业属性的"知识基础"，阐明教师职域里发挥作用的专业知识领域和结构①，而既往的研究却忽视了教师知识，使得教师学科知识成了"遗漏的范式"。基于纠正教学和教育研究中这一"缺失的范式"以及教学专业的需要，他将教师教学所需的知识分为学科内容知识、一般教学法知识、课程知识、学科教学知识、有关学生及其特性的知识、有关教育背景的知识、有关教育目的的知识等七大部分。②学科教学知识概念的提出以及教师教育专业化的推动，教师知识的重要性日益凸显，其后许多学者在这一领域提出了相应理论③。对教师知识理论的研究沿着两条不同的轨迹逐步深化：一是以埃尔贝兹为首的，将教师个人知识或实践知识作为立足点所开展的教师实践性知识研究，而另一个则是以舒尔曼教授为代表的，以教师知识的内容指向作为分类依据所提出的教师知识结构框架。而国内许多学者也对教师知识的结构进行了深入的

---

① Shulman, L S. Those who understand: Knowledge in Teaching[J]. Educational Researcher, 1986, 15(7): 4–14.

② Shulman, L S. Knowledge and teaching: Foundations of the New Reforms[J]. Harvard Educational Review, 1987, 57(1): 1–22.

③ 朱旭东.教师专业发展理论研究[M].北京:北京师范大学出版社,2011:57.

研究，这些研究可以归纳为四种取向。

(1) 功能取向的教师知识结构研究

林崇德（2005）从教师知识的功能性角度出发，把教师的知识结构分为本体性知识、条件性知识、实践性知识和文化知识四部分。其中，本体性知识是教师所具有的特定的学科知识，而条件性知识则是教师所具有的教育学与心理学知识。教师扎实的本体性知识是其取得良好教学效果的基本保证，但它并不是个体成为一个好教师的决定性条件。[1]有研究表明，教师的本体性知识与学生成绩之间几乎不存在统计上的"高相关"关系。教师的本体性知识要有，但达到某种水平即可，多了对教师的教学并不一定起作用。条件性知识是一个教师成功教学的重要保障，可具体化为三个方面：学生身心发展的知识、教与学的知识和学生成绩评价的知识。

(2) 学科取向的教师知识结构研究

台湾学者单文经（1990）认为教师的知识结构包括一般的教育专业知识和学科知识两大类，其中一般的教育专业知识包括一般的教学知识、教育目的的知识、学生身心发展的知识、其他相关教育的知识；而学科知识包含教材内容知识、教材教法知识、课程知识。[2]

(3) 实践取向的教师知识结构研究

根据知识存在方式的不同，陈向明（2003）将教师知识分为理论性知识和实践性知识两类[3]。

(4) 复合型取向的教师知识结构研究

叶澜（2001）先生突破以往教师知识研究平面化的局限，认为教师的知识结构主要有三层：最基础层面是有关当代科学和人文方面的基本知识以及工具性学科的扎实基础和熟练运用的技能、技巧；第二层是教师须具备的1~2门学科的专门性知识与技能；第三层是教师学科类知识，它主要由帮助教师

---

[1]　林崇德.教育的智慧[M].北京:北京师范大学出版社,2005.
[2]　单文经.教学专业知能的性质初探[M].台北:师大书苑,1990.
[3]　陈向明.实践性知识:教师专业发展的知识基础[J]北京大学教育评论,2003(1):104-112.

认识教育对象、教育教学活动和展开教育研究的专门知识构成。这三个层面的知识相互支撑、相互渗透、并能有机结合。[①]

综上所述，尽管研究角度和方法的差异使得教师知识有不同的分类标准，但学科知识、一般教学知识、学科教学知识作为教师知识构成的公共部分和核心要素，却一直是近年来教师知识研究的焦点。由于教师的专业知识具有"双专业性"，即教师不仅需要知道"教什么"，即所教学科的专业知识，也需要知道"怎么教"，即教育学科的专业知识。这两方面知识都必不可少。从某种意义上讲，后者比前者更重要，后者也是教师与学者的主要区别。[②]故从教学角度组织和使用知识，将"学术形态"的知识转化为"教学形态"的知识，并以恰当方式引导学生学习是教师知识的主要体现。因此，学科教学知识的提出，使其摆脱了之前一直依附于学科知识、教育知识与情境知识的从属地位，凸显了其在教师知识结构和实际教学过程中的重要性，随着学科教学知识研究的纵深化和系统化，其独立性将更为突出。

2.学科教学知识的内涵

学科教学知识最早于1986年由美国斯坦福大学教授舒尔曼提出，其旨在重新唤起学科知识在教学中的重要性。他认为学科教学知识是包含在学科知识中的一种属于教学的知识，并将PCK定义为：教师个人独一无二的教学经验，教师独特学科内容领域和教育学的特殊整合，是教师对自己专业理解的特定形式；关于教师将自己所掌握的学科知识转化成有益于学生理解的形式的知识。其具体内涵有三点：①它是教师学科知识下的一个子范畴；②它是与特定主题相联系的知识；③它主要包含向学生呈现和阐述特定内容的知识（如怎样用演示、举例、类比等来呈现学科内容等）、有关学生学习困难及解决策略的知识。随着研究的深入，舒尔曼于1987年修正了学科教学知识的概

---

① 叶澜,白益民.教师角色与教师发展新探[M].北京:教育科学出版社,2001.
② 张传燧.教师专业化——传统智慧与现代实践[J].教师教育研究,2005(1):16-20.

念，它不再是教师学科知识下的一个子范畴，而成为与教师学科知识、一般教学法知识、课程知识、有关学习者及其特征的知识、教育情境的知识以及教育目标、目的和价值的知识并列的教师七类教学知识基础之一。在这次修正中，舒尔曼进一步说明学科教学知识是教师综合运用教育学知识和学科知识来理解特定主题的教学是如何组织、呈现给特定学生的知识。它是教师在教学过程中融合学科与教学知识而形成的知识[①]。

20 世纪 90 年代初期，格鲁斯曼（Grossman）在舒尔曼有关学科教学知识论述的基础上，通过实证研究提出了学科教学知识的四个主要成分，即特定主题教学策略和表征的知识、有关学生学习困难及解决策略的知识、教学目的的知识、课程材料的知识[②]。格鲁斯曼扩大了学科教学知识的原始内涵，在学科教学知识中加入了课程知识和教学目的两类知识，而这则是舒尔曼提出的与学科教学知识并列的教师知识基础的组成部分。

学科教学知识的提出，促进了处于割裂和分离状态的学科知识和教学知识的融合，对推动教师知识领域的研究和教师专业化的发展具有开创性作用。然而，舒尔曼有关学科教学知识的论述也引发了一些学者的质疑和批评，其代表性观点以及与之相对应的研究有三种。

（1）所有学科知识都具有教学法维度，PCK 没有存在必要

麦克尤恩（McEwan）和布尔（Ball，1991）认为所有学科知识都具有教学法特征，学科专家在向同行解释或论证自己的观点时，也需要选择适当的表征使自己的观点更容易理解和接受。学科教师和学科专家所具有的学科知识只存在度的差异，没有质的差别。并且，将学科教学知识作为区分学科专家和学科教师的标准，势必造成教师与学者的分道扬镳。[③]

① 朱旭东.教师专业发展理论研究[M].北京:北京师范大学出版社,2011.
② Grossman. The making of a teacher:Teacher knowledge and teacher education [M]. New York: Teachers College Press,1990.
③ Mcewan H,Ball B. The Pedagogic nature of subject matter knowledge [J]. American Educational Research Journal,1991,28(2):316–334.

然而，学科教学知识虽非教师所特有，但学科专家的核心任务是发展新理论，表述与交流学科知识有必要，但却不是其工作的核心。如美国实用主义教育家杜威（John Dewey）指出，教师与学科专家不同，后者的任务是对该学科增加新的事实、提出新假设或证实它们。而教师思考的则是怎样使教材变为学生经验的一部分，在学生的已有经验中有什么和教材有关，怎样利用这些因素，等等。①而且学科专家的交流对象多为学术同行，对教育学没有特别要求。而教师的教学旨在促进学生更好地理解学科知识和解决学科问题，其教学效果主要通过学生的发展来体现，这种互动使得准确而恰当地表达学科知识成为教师工作的核心。由于教师的教学对象为思维仍处于发展阶段、层次差异较大的学生，故借助形象化的表征和各种教学策略来促进学生对抽象概念的理解便成了教学的重要着眼点。因此，从教学的专业特性看，尽管这一概念与学科知识有着密切的联系，甚至难以区分，但从教学领域来看，学科教学知识的提出有其特定的教学价值和意义②，这使得不少研究者继续着舒尔曼的研究，不断丰富和扩展学科教学知识的内涵③。

(2) PCK 与其他知识混合在一起，在实践中难以区分

西格尔（segall）、马克斯（Marks）和尼斯（Niess）等学者均认为舒尔曼对于学科教学知识的概念界定模糊、缺乏具体明确的定义，不利于成分的识别和知识的分类，很难与其他知识区分。④他们认为，学科教学知识包含着学科知识和普通教育学知识，在教学实践中这些知识间的界限不仅较为模糊，而且彼此间互相融合与渗透，孤立地研究学科教学知识或者教学法都是不可能的。⑤为探明 PCK 是否独立存在以及它对有效教与学的价值，克劳斯

---

① 约翰·杜威.学校与社会·明日之学校[M].赵祥麟,任钟印,吴志宏,译.北京:人民教育出版社,2005.

② 李琼.教师专业发展的知识基础——教学专长研究[M].北京:北京师范大学出版集团,2009.

③ 黄兴丰,马云鹏.学科教学知识的肇始、纷争与发展[J].外国教育研究,2015(3):36-41.

④ 赵晓光,马云鹏.外语教师学科教学知识的要素及影响因素辨析[J].外国教学理论与实践,2011,38(11):37-42.

⑤ Marks,R. Pedagogical Content Knowledge:from a mathematical case to a modified conception[J]. Journal of Teacher Education,1990,41(3):3-11.

（Krauss）、鲍默特（Baumert）、斯皮尔和温格纳（Speer&Wagner）等研究者先后开展了多项实证研究，表明教师的学科教学知识不仅能够独立存在，而且会对学科教学知识产生显著影响；教师仅具有学科知识并不能保证高效教学活动的发生。[1][2]因此，学科教学知识已经得到了教学理论和实践者的普遍认可。

（3）学科教学知识过于强调客观性，忽视了其生成过程的动态性

班克斯（Banks）认为舒尔曼的学科教学知识将知识看作是独立的、固定的、外部的信息体，是以教师为中心的教法，强调的是教师拥有的技巧和知识，而非学习过程。科克伦（Cochran）也认为，舒尔曼以及格鲁斯曼等人所提出的学科教学知识在本质上是一种静态的知识体系，过于强调知识的客观性，而缺少对教师主体作用的发挥和情境的关注，未能反映PCK动态发展的本质。在科克伦看来，学科教学知识的形成离不开教师的主动建构和反思，是教师个体在特定教学情境中综合考虑学生、教学环境重组而成，是多种知识的整合与创新。

科伦克（Cochran）、德鲁依特（DeRtuter）和金（King）等人在整合建构主义理论以及格罗斯曼PCK模型的基础上，对舒尔曼提出的学科教学知识概念进行了增添和修补，从动态角度将学科教学知识（PCK）改为学科教学认知（PCKg），并提出了学科教学知识发展综合模型。该观点认为PCKg是教师对一般教学法、学科内容、学生特征和教学情境等四个构成因素的综合理解。这四种构成因素在教师实际教学过程中不断地向外拓展和深化，推动了学科教学认知的"增容"，有助于教师更有效地组织教学内容。而且这四种构成因素彼此之间互相联系、不断融合和发展，展现了学科教学知识在行动与反思中整合与生成的动态本质。因此，科伦克更重视学科教学知识的动态生成性

---

[1] Krauss.S.Pedagogical Content Knowledge and Content Knowledge of Secondary Mathematics Teachers ［J］. Journal of Educational Psychology，2008，100（3）：716-725.

[2] Speer，N.M.WWanger，J.F.Knowledge needed by a teacher to provide analytic scaffolding during undergraduate mathematics classroom discussions［J］. Journal for Research in Mathematics Education，2009，40（5）：530-562.

和教师对学生和情境的理解，也更符合实际的教育教学过程。

1999 年，盖斯-纽莎姆（Gess-Newsome）在对格罗斯曼、科克伦等人所提出的学科教学知识模型进行研究和反思后，发现了以"融合"与"转化"为核心的不同的学科教学知识发展模式。在"融合"模式中，学科教学知识不会以独立样态出现，学科知识、教育知识、情境知识彼此分离，只是在教师教学行为中才会结合起来，这类似于化学中的"混合物"；而在"转化"模式中，无论这三种知识是否独立或融合发展，最终都会转化为作为教学基础的学科教学知识①，这类似于化学中的"化合物"。

全美教师资格鉴定委员会（NCATE）把教师学科教学知识界定为：教师通过学科内容知识和有效教学策略交互作用，帮助学生有效学习的知识；这种知识要求教师在完全理解所教内容，了解掌握学生的文化背景、先前知识和经验的基础之上，运用多种方式进行教学。②而哈斯韦赫（Hashweh）也认为学科教学知识是教师个人建构和反思的结果③。两种观念均强调了在学科教学知识形成过程中，教师主体作用的发挥以及学科教学知识与教师自身拥有的其他知识与信念之间的关联性。

通过学科教学知识内涵的追溯，可以看到学术界对学科教学知识有了较深入的认识，但仍存在不少分歧。舒尔曼最初提出的学科教学知识，旨在突出教师如何借助类比、范例、说明、解释和演示等表征方式，将学术形态的学科知识转化为学生容易理解的教学形态知识。为了表征得更好，取得更好的教学效果，教师需要了解促使学生对某一问题的理解感到容易或者困难的原因，学生的错误观念是什么以及如何消除这些错误的策略等。因此，其更注重有效表征教学内容的策略性知识和学生知识。然而随着研究的深入，学科教学知识逐渐扩大为教师在实际教学中如何根据学生的特点和自己对学科

① Julie Gess-Newsome.Examing Pedagogical Content Knowledge:The Construct and its Implications for Science Education[M].kluwer Academic Publishers,1999:10-13.

② Diane Barrett Kris Green,Pedagogical Content Knowledge as a Foundation for an Interdisciplinary Graduate Program[J].Science Educator,2009,18(1):17-28.

③ Hashweh,M.Z.. Teacher Pedagogical contructions:areconfiguration of pedagogical content knowledge [J]. Teachers and Teaching:theory and practice,2005,11(3):273-292.

内容的理解来设计教学情境，有效表征具体内容的知识。

因此，正如学科教学知识研究领域的权威专家、荷兰莱顿大学教育学院院长扬·范德瑞尔所认为的，学科教学知识并非由一些相互分离的要素组成，故其涵盖哪些知识类型并不重要，其真正的精髓在于把教学策略和学生学习专业课程的方法联系起来。[①]因此，"学生如何学习某学科的知识"和"教师如何教授该学科的知识"是学科教学知识的真正核心内涵。它强调学科教学知识是教师有关具体学科的特殊观念和对学习难点的认识，以及对有关该学科的教学方式和教学策略的知识。

3. 学科教学知识的构成

从 20 世纪 80 年代末学科教学知识的提出，到 21 世纪的今天，学界对学科教师知识的研究渐趋多元化和学科化。对学科教学知识的研究已不再仅仅停留于单一的理论思辨，而逐渐回归到教学实践本身。随着学科教学知识内涵的逐步演变和扩大，学科教学变得纷繁复杂、莫衷一是了。尤其是对它的构成要素（即它该包含哪些知识）也发生了不同程度的变化，形成了不同的认识，其中将在国外较有影响力、有代表性的一些观点整理如下（表 2-2）。

表 2-2　学科教学知识构成要素一览表[②]

研究者	学科教学知识的构成要素	构成要素的特色
Tamir (1988)	（1）关于课程的知识；（2）关于学生的知识；（3）关于教学的知识；（4）关于评价的知识	强调诊断、评价学生和教学资源的运用在学科教学知识中的重要性
Grossman 四要素说 (1990)	（1）观念性知识；（2）关于学生对某一课题理解和误解的知识；（3）课程和教材的知识；（4）特定主题教学策略和表征的知识	四要素说加入了课程知识和教学目的两类知识，而这是舒尔曼提出的与学科教学知识并列的教师知识基础的组成部分

①　翟俊卿,王习,廖梁.教师学科教学知识(PCK)的新视界——与范德瑞尔教授的对话[J].教师教育研究,2015,27(4):6-10.
②　汤杰英,周兢,韩春红.学科教学知识构成的厘清及对教师教育的启示[J].教育科学,2012,28(5):37-41.

续表

研究者	学科教学知识的构成要素	构成要素的特色
Marks (1990)	(1) 关于学生的知识；(2) 关于媒体进行教学的知识 (3) 学科知识；(4) 在教学中安排学生活动和注重教学行为表现的知识	重视媒体在学科教学中的作用
Geddis (1993)	(1) 是何种原因造成某一主题较易或较难理解；(2) 能有效地重组学生对该主题的理解，以减少其形成错误概念的教学策略；(3) 有效呈现该主题的方法	强调学科教学知识应重视概念改变的教学策略与教学表征
Cochra (1993)	(1) 学科知识；(2) 普通教学法的知识；(3) 关于学生的知识；(4) 教学环境知识	基于学科教学知识的动态生成性，强调教学环境的重要
Fernandez-Balboa (1995)	(1) 学科知识；(2) 关于学生的知识；(3) 教学策略知识；(4) 教学环境知识；(5) 关于教学目的知识	
Magnussen 五成分说 (1999)	(1) 关于教学观念的知识；(2) 关于课程的知识；(3) 关于学生的知识；(4) 关于学业评价的知识；(5) 关于教学策略的知识	较完整地概括了学科教学知识的结构，分类也比较清晰
Turner-Bisset (1999)	(1) 实体性知识；(2) 句法性知识；(3) 学科观；(4) 课程知识；(5) 教学模式；(6) 一般教学知识；(7) 情境知识；(8) 关于学习者认知的知识；(9) 关于学习者经验的知识；(10) 关于教师自己的知识；(11) 教育目的知识	对学科教学知识进行了较大程度扩充，扩大了学科教学知识的范围，并且将教师知识作为学科教学知识的下位概念
Morine Dershimer 等 (1999)	(1) 教学知识；(2) 学科知识；(3) 教师知识；(4) 关于学习的知识；(5) 课程知识；(6) 专业知识；(7) 教学评价知识	
W.R.Veal (2000)	(1) 学科知识；(2) 关于学生的知识；(3) 情境知识；(4) 环境；(5) 学科性质；(6) 课堂管理；(7) 社会文化知识；(8) 评价；(9) 教学法知识；(10) 课程知识	将社会文化知识和环境知识纳入了学科教学知识的范畴
Mish 等 (2006)	(1) 学科知识；(2) 教学知识；(3) 学科教学知识；(4) 技术知识	将技术知识作为与教学知识并列的学科教学知识之一，凸显了技术知识的重要性
Angel 等 (2009)	(1) 技术知识；(2) 教学知识；(3) 学科知识；(4) 学生知识；(5) 学习环境知识	
Zambales (2007)	(1) 学科知识；(2) 教学知识；(3) 学科教学知识；(4) 情感知识	将情感知识纳入了学科教学知识的结构体系

续表

研究者	学科教学知识的构成要素	构成要素的特色
Ball 等 (2008)	（1）内容和学生知识；　（2）内容和教学知识；　（3）课程知识	这三个方面是学科教学知识的主体
Banks	学科教学知识包括学业知识和教育学知识。其中，学业知识学科的历史脉络、理论思想起源、根据教学目的组织学科等类似舒尔曼的课程知识；而教育学知识包含有关教与学的实践和信念，如一些主题所需的类比、解释、比喻等方法以及学业知识和学科知识之间关系的理解	班克斯认为学科知识是架设在学科知识和教学知识之间的一座桥梁，可以根据教学选择合适的资源，理解课程进而影响教学实践

就国内而言，2005 年以后，学科教学知识理论逐渐引起了我国研究者的关注。学者廖元锡[①]、袁维新[②]、刘小强[③]等相继于 2005 年在核心期刊撰文，较为详细地介绍了国外开展 PCK 研究的背景和国外学者在 PCK 的内涵、特征与结构等方面的主要研究成果以及相关研究对我国教师教育改革的启示等。从 2010 年起，学科教学知识逐渐成为国内教育研究的热点，其理论研究不断深化。

常攀攀、罗丹丹（2014）将学科教学知识界定为：教师教学中基于学科知识（本体性知识）和教学知识（条件性知识），依据情境知识（实践性知识）而生成的促使自身专业发展和促进教学效果最优化的知识体系。其中，学科知识回答了教学中"是什么"的问题，教学知识阐释了教学中"为什么"的问题，情境知识解决了教学中"怎么办"的问题。[④]因此，学科知识、教学知识和情境知识是构成和影响 PCK 的重要因素。

范良火（2003）基于 NCTM 的《数学教学职业标准》（1991）将教师的

①　廖元锡.PCK——使教学最有效的知识[J].教师教育研究,2005,17(6):37-40.
②　袁维新.学科教学知识:一个教师专业发展的新视角[J].外国教育研究,2005,32(3):10-14.
③　刘小强.教师专业知识基础与教师教育改革:来自 PCK 的启示[J].外国中小学教育,2005(11):5-8.
④　常攀攀,罗丹丹.PCK 视阈下的教师专业发展路径探究[J].教育理论与实践,2014,34(17):18-20.

教学知识分为：（1）教学的课程知识，关于包括技术在内的教学材料和资源的知识；（2）教学的内容知识，关于表达数学概念和过程的方式的知识；（3）教学的方法知识，关于教学策略和课堂组织模式的知识。①

综上，许多研究者遵循舒尔曼对学科教学知识概念的解读与识别，并以此为理论基础划分学科教学知识的组成成分，对学科教学知识进行了深入的研究，扩充和丰富了学科教学知识的研究视角。然而，对于学科教学知识的构成，学界远未达成共识。从表 2-2 可以看到，仅就学科教学知识的构成成分在数量上就存在很大分歧，少则三种知识，多则十余种。这些学科教学知识的构成要素基本上是对舒尔曼学科教学知识概念的部分特定内涵加以延伸的结果，但也存在如下问题：（1）混淆了学科教学知识和教师知识。扩大了学科教学知识的范围，甚至将学科教学知识等同于教师知识。比如，关于教师自身的知识和情感就应当属于教师知识之列，而非学科教学知识；（2）下位概念并列于上位概念，如社会的发展使得技术知识、多媒体技术对教学的影响越来越大，有学者便将技术知识与多媒体技术知识列入了学科教学知识的构成要素，然而，本质上它们却是教学策略知识的下位概念；（3）对学科知识是否需要纳入学科教学知识结构存在分歧，以舒尔曼为代表的研究者认为学科知识与学科教学知识是并列的要素关系，都从属于教师知识的要素，而以马克斯②、科克伦③、费尔南德斯-巴尔博亚④为代表的研究者把学科知识作为学科教学知识结构中一个内在核心组成部分。

由于学科教学知识内部的各个成分不是以分离的状态单独存在的，而是彼此融合、在教学实践中是作为一个整体发挥作用的。因此，深入研究学科教学知识的构成虽然有利于学科教学知识本质的探讨，但是一味地将学科教

---

① 柳笛.高中数学教学学科教学知识的案例研究[D].上海:华东师范大学,2011.

② MarksR. . Pedagogical content knowledge:from a mathematical case to a modified conception [J]. Journal of Teacher Education,1990,41(3):3-11.

③ Cochran,K.,DeRuiter,J. W King,R..Pedagogical content knowing:an integrative model for teacher preparation [J]. Journal of Teacher Education,1993,44(4):263-271.

④ Fernandez-Balbao,J. M. W Stieh,J..The generic nature of pedagogical content knowledge among college professors[J]. Teaching and Teacher Education,1995,11(3):293-306.

学知识内部的各成分分离并不利于实际的教学，对学科教学知识的过度概念化也容易忽视学科教学知识生成的动态性本质，因此将学科教学知识的范围扩大化而形成的分类虽然全面，但实用性却不太理想①，过于繁琐，难以应用到其他研究中去②。

4. 学科教学知识的来源

PCK 如何生成？来自哪些渠道？有哪些因素影响它的获取？若要获取学科教学知识，就必然要回答这些问题。

Shulman（1987）认为学科教学知识可以通过理解、反思和转化来发展。Grossman（1988，1990）的研究认为学科教学知识至少有四个主要来源：（1）作为学徒者的观察，既包括做学生时也包括做师范生时的观察，通常会导向默会的能长期保存的知识；（2）学科知识，这可能导致对特定目标或主题的偏爱；（3）教育中的特殊课程；（4）课堂教学经验。③而 Counts（1999）在借鉴 Grossman 对 PCK 来源分类的基础上，得到了学科教学知识的三种来源：学科知识、作为学徒者的观察和课堂经历。这与 Grossman 的研究结论相一致。

VanDriel（1998，2002）等的研究表明：教学经历在学科教学知识理论化建构过程中的重要性应得到强化和整合。然而，教学经历并不必然会促进学科教学知识的生成，而 Park 和 Oliver（2008）借用舍恩反思性实践者的框架认为：只有教师对行动中的知识进行反思时，学科教学知识作为反思结果才会发展。因此，学科教学知识需要在教学实践中形成与发展，教学经验对学科教学知识的发展至关重要，但教学经验与 PCK 的发展并不是正比关系。我

---

① 黄毅英,许世红.数学教学内容知识——结构特征与研发举例[J].数学教育学报,2009,18(1):5-9.
② 刘俊华,胡顺典,季静萍,等.高中数学教师 MPCK 发展的调查研究[J].数学教育学报,2015,24(1):45-50.
③ Grossman. The making of a teacher:Teacher knowledge and teacher education[M]. New York:Teachers College Press,1990.

国学者廖冬发、周鸿、陈素苹（2009）通过调查发现：教师学科教学知识的获得途径是多种多样的，并且学科教学知识的主要获得方式不是接受式的灌输，而是总结、反思、交流及听课或比赛等。[①]

5. 学科教学知识的总体研究状况及思考

自舒尔曼提出学科教学知识之后，早期研究者在理论层面的研究主要集中于学科教学知识的概念界定、构成要素、结构特征等方面。这些研究不仅为学科教学知识的发展奠定了理论基础，也明确了后续的研究方向。自 20 世纪末开始，学界在对传统意义上学科教学知识普适性理论进行探究的基础上，开始将学科教学知识纳入具体学科中，以剖析这一知识类型对各学科教师教学行为的影响，学科教学知识研究逐渐呈现"学科化"的取向。伴随着相关学科的发展，学科教师知识的研究不再停留于单一的理论思辨，逐渐回归教学实践本身，强调量化与质化相结合的研究方式。

纵观国内近十年来对 PCK 的研究，其主要聚焦于以下方面：（1）对学科教学知识的内涵、构成、本质特征等核心问题进行理论探讨与辨析；（2）对不同学科、不同专业发展阶段（如职前、职后）、不同学校类别（如幼儿园、小学、中学、高校）教师的学科教学知识进行针对性研究；（3）我国学科教师学科教学知识现状的实证研究；（4）综述国外 PCK 的研究现状并提出对我国教师教育及改革的启示。这些研究有助于丰富学科教学知识的内涵，拓展其外延，也密切了学科教学知识与教学的联系，然而，目前研究也存在如下问题。

第一，大多以思辨、理论研究为主，具体到某一学科的实证研究有待加强。在理论层面的研究主要集中于学科教学知识的概念界定、构成要素、结构特性等方面，这虽然有助于明确学科教学知识的后续研究，但因与具体学科的联系不够密切，难以深入研究各个学科教师的教学知识的具体内涵及其

---

① 廖冬发,周鸿,陈素苹.关于中小学教师学科教学知识来源的调查与分析[J].教育探索,2009(12):90–92.

基本构成，这在一定程度上造成了研究内容的泛化，难以体现学科特色和学科本质。基于此，学科化和精准化已成为学科教学知识的发展趋势，研究者需要在理论思辨的基础上，结合特定的教学情境，深入具体学科和不同学段来进行研究。

第二，理论研究主要是对静态的构成要素加以详细考察，较少考虑在复杂环境情境中 PCK 作为一个复杂系统是如何支持教学的[①]。以往的研究较多关注各要素内容以及分类的理论依据，而对 PCK 组成要素间的相互关系的研究比较少。对于 PCK 究竟包括哪些具体的内容，其核心要素是什么，是哪些因素直接影响了教师的 PCK，这些影响如何发生等问题尚存在较大分歧。

第三，缺少本土化研究。在国内现有的学科教学知识研究中，大多是引用和借鉴西方国家经验的研究成果，缺乏本土化研究。因此，迫切需要在批判地吸收与借鉴国外经验的同时，结合我国教育实践的具体情况，从较高的理论视野对有关学科教学知识进行实证研究。

第四，历经 30 年的发展，到目前为止，学科教学知识的概念仍然内涵不太确切，外延不太明朗，大多数研究者只能依照自己的理解来言说，有研究者认为其概念不应该无限地扩大，界定其概念应该回归其本质[②]。

因此，学科教学知识是以学科知识（Content Knowledge）为基础，结合具体教学情境，在教学实践中运用教学知识（Pedagogical Knowledge）设计和实施教学的过程中建构和生成的知识体系。它是抽象的、一般的、宏观的教育学知识、教学法知识、课程知识与具体的、特殊的、微观的学科内容知识的有机结合，是多种知识整合后形成的混合物。学科教学知识的核心内涵就是两个"转化"：第一，先将学术形态的学科知识（教材内容）转化为学生能够理解的教学知识（教案或学案）；第二，将教学知识以学生最易接受的形式呈现出来，将其有效转化成学生实际的获得。由于转化的接收对象是学生，因而教师需要从学生的心理、生理特征出发，充分考虑学生的前知识，预测学

① 沈睿.复杂理论视角下对化学教师 PCK 的研究[D].武汉：华中师范大学,2012.
② 朱旭东.教师专业发展理论研究[M].北京：北京师范大学出版社,2011.

生的兴趣和可能存在的学习困难。这种转化的过程可以认为是学科知识的"心理学化"。

学科教学知识的呈现方式主要有两种：（1）描述性的学科教学知识，研究者将教学实践中形成的学科教学知识抽象和概括后所形成的理论性知识，主要为"是什么"的知识；（2）实践性的学科教学知识，教师将自己习得的理论性学科教学知识应用和外化于教学实践后，经过再造和重组所形成的有个体色彩的学科教学知识，主要为"怎样用"的知识。学科教学知识的真正形成和有效应用需要教师在教学实践中通过自我反思和主动建构加以发展和完善，是在教师"实践—反思—再实践—再反思"的循环往复中生成的。

学科知识是教师学科教学知识生成和发展的基础，但单一的学科知识并不能有效地提升教师学科教学知识的发展水平，同理，教师虽有较高的教学水平，对学科知识却知之甚少，这也难以将学科知识准确而到位地教给学生。所以，学科教学知识是多种知识的整合或融合，但又不是它们的简单叠加或线性累积，而是教师在长期的教学实践中持续地运用其学科知识和教学知识动态建构形成的知识体系，其核心内涵在于将学科知识表征为学生可懂可学的形式。

（1）学科知识是学科教学知识的基础，但其不等同于学科教学知识。学科知识是关于"教什么"的知识，是内核，是属于本质的东西；学科教学知识是关于"如何教"的知识，是外壳，是推动学科知识有效地被学生吸收的"催化剂"。因此，所教学科的具体知识（事实、概念、规律、原理等）虽是教师教学的必备，但教师还需要具备将这些学科内容加工、转化、表征为学生易于理解的教学形态的能力。

（2）教师需要借助反思、归纳与综合、转化的方式将课堂实践中所获得的经验转化为如何教的知识，将自己对学科教学论等"公共知识"的理解进行概括，并通过与教育实践的互动，逐步内化为自己所拥有的、能在实践中实际应用的"个体知识"。

（3）学科教学知识旨在借助类比、图表、例证、解释和证明的方式，将学科知识有序地组织和呈现，以适应不同学习者的兴趣和能力的理解。因此，学科教学知识的形成不可能脱离具体的学科和情境，教师只有在运用学科知识进行教学活动中，才能生成学科教学知识。

根据不同学者对学科教学知识特点的阐释以及自己的相关研究，研究者认为 PCK 具有实践性、个体性、发展性和学科性的特点。

（1）实践性

实践性是学科教学知识的本质特征。真实的教学情境是学科教学知识生成和发展的土壤。教学法知识、学科知识等知识在习得之初往往各自独立，也较为分散，只有通过教学实践将其与学生、教学环境充分融合与互动，才能形成具有可教性的鲜活的学科知识形态。同时，学科教学知识在实践中也多以教学实践能力来体现。

（2）个体性

学科教学知识是教师在特定教学情境中，整合自身的知识体系，通过个人的感悟、实践反思形成的。由于每个教师的知识基础不同，思考习惯和工作态度也存在差异，因此教师容易形成具有自身特色的学科教学知识。

（3）发展性

学科教学知识作为教师特有的专业知识，其发展性主要体现在两个方面。第一，学科教学知识涵盖的范围是不断拓展变化的。第二，对教师个人而言，其学科教学知识也处于不断发展的动态变化之中，其发展历程贯穿教师的整个职业生涯。入职初期，学科教学知识较为贫乏。在教学实践中，教师的学科知识与教学法知识不断融合，随着感悟和反思的增加，PCK 知识也不断累积和持续变化。

（4）学科性

学科知识是学科教学知识生成的基本要素，因此学科教学知识必然带有很深的学科烙印。由于学科教学知识往往指向具体的学科，是学科内部的教师教学知识，它体现出明显的学科专业性，不同学科的学科教学知识虽然在教学知识层面可能拥有互通之处，但因学科自身有其鲜明的学科特点，其核心内容呈现较大差异，不具备直接转化为其他学科教师任教知识基础的特性。学科知识作为推动学科教学知识形成的重要前提，是教师迈向专家型教师的先决条件。

（二）关于数学学科教学知识的相关研究

对近十年来我国数学学科教学知识的研究文献进行梳理，发现相关的文献数量总体呈上升趋势。这些文献主要集中于以下几类：（1）对数学学科教学知识的内涵、结构、特征以及价值进行理论性探讨；（2）对不同专业发展阶段数学教师（如职前教师、在职教师、专家型教师、新手教师等）的学科教学知识现状、生成、来源等进行实证研究；（3）利用个案研究、教学案例等对教师在讲授某一特定数学教学内容时所呈现出来的学科教学知识（或仅限于其中的某一维度）进行具体考察研究；（4）对不同专业发展阶段或不同国家数学教师的学科教学知识发展状况进行比较研究；（5）对数学教学知识的测评工具进行开发。

1. 数学学科教学知识的内涵

数学学科教学知识是数学教师怎样更好地进行数学教学的相关知识，它有效地实现了由数学学科知识、教学知识和情境知识等"是什么""为什么"的显性知识向"怎么想""怎么办"的隐性知识的转化，是数学教师专业发展的核心领域。针对数学学科的具体特点，挖掘数学学科教学知识的内涵成为界定其构成并对其进行纵深研究的基础。表 2-3 列举的是国内在研究数学学科教学知识的内涵时，比较有代表性的观点。纵观众多学者对 MPCK 内涵的界定，可以看出到目前为止 MPCK 的概念仍没有一个令人信服的确切描述，但基于学生立场，实现两个转化：将学科知识有效地"转化"为教学任务，再将教学任务有效地"转化"为学生实际获得的知识这已成为 MPCK 的核心观点。而如何科学地扩展和完善其概念，有效地融合渗透各种知识，将数学学科知识真正转化为学生易于接受的知识则是一个错综复杂的过程。

表 2-3　国内对数学学科教学知识的代表性描述

作者／年份	主要观点
胡晓文等/2013	数学学科教学知识是数学学科本体性知识与教学条件性知识相融合的产物，是由学科知识和教学知识在实际教学过程中通过一定的方式转换形成
童莉/2010	数学学科知识是关于某一特定数学内容该如何进行表述、呈现和解释，以使学生更容易接受和理解的知识
李伟胜/2009	数学学科的核心内容就是特定数学内容向特定学生有效呈现和阐述的知识，其核心要素就是从学生立场出发实现知识的转化
范良火/2013	数学教师的 MPCK 与数学内容知识和一般教学知识有直接联系，一般情况下不能分离，但也不能简单认为只是两者的自然交叉结合，在实际教学中不能独立于关于教学、学生等知识，还需要看学生实际，因材施教
章勤琼，郑鹏，谭莉/2014	数学课堂中需要的数学教学知识是一种掌握理解相应的数学概念与内容以及知识之间的关联，并据此设计具体的教学以达成既定目标所需的知识

2. 数学学科教学知识的构成

在对数学学科教学知识的内涵进行界定的基础上，研究者对国内外有代表性的数学学科教学知识的要素进行了系统的梳理，具体见表 2-4。

范良火（2003）分析了众多关于教师知识的分类后，基于 NCTM 的《数学教学职业标准》（1991）将数学教师的教学知识分为：（1）教学的课程知识（包括技术在内的教学材料和资源的知识）；（2）教学的内容知识（表达数学概念以及过程的方式的知识）；（3）教学的方法知识（教学策略和课堂组织模式的知识）。[1]同时，他认为，由于技术知识已经深刻地影响到了"教什么"和"如何教"，数学教师的知识结构框架中应包含技术知识，并给予适当的重要位置，因此他有意识地将技术纳入了教学的课程知识之中。

---

① 柳笛.高中数学教学学科教学知识的案例研究[D].上海:华东师范大学,2011.

董涛（2008）在其博士论文中揭示了教师在课堂上使用的 PCK 的六种成分包括作为学科教学的统领性观念的学科内容知识、教学目的的知识、对于特定课题的学生理解的知识、内容组织的知识、效果反馈的知识以及教学策略知识。[①] 胡小雪（2012）则在其硕士论文中构建了 MPCK 的五种结构成分，数学学科知识、数学教学目的和目标的知识、关于学生理解数学的知识、数学教学策略的知识和数学情境的知识。[②]

表 2-4 数学学科教学知识要素构成一览表

作者 / 机构（年份）	数学教学知识要素（结构）
NCTM/1991	MPCK 的五个组成部分：关于包括技术在内的教学材料与资源的知识；关于表达数学概念和过程的方式的知识；关于教学策略及课堂组织模式的知识；关于促进课堂交流以及培养数学集体意识的途径的知识；关于评定学生数学理解的方法的知识[③]
Fennema, Franke/1992	数学知识、（一般性）教学知识、关于学习者在数学上认知的知识；以及情景特定的知识，即指与某一背景或是出于某种情境有关的教师知识[④]
安淑华 /2004	数学学科教学知识包括内容知识、课程知识和教学知识
涂荣豹，季素月 /2007	MPCK 是由 MK（数学学科知识）、PK（一般教学法知识）、CK（数学学习知识）以及 TK（教育技术的知识）融合而成，其本质是教师如何将数学知识的学术形态转化为教育形态，以促进学生的数学理解，提高学生的数学能力和提升学生的数学素养[⑤]

① 董涛.课堂教学中的 PCK 研究[D].上海:华东师范大学,2008.
② 胡小雪.高中数学教师 MPCK 结构的研究[D].武汉:华中师范大学,2012.
③ Mathematics, N. C. O. T. O. Algebra and Algebraic Thinking in School Mathematics[M]. National counil of teachers of mathematics 2008.
④ Fennema, E., WFranke, L.M.(1992). Teacher's knowledge and its impact[C]. In D. A. Grouws (Ed.), Handbook of research on mathematics teaching and learning (pp.147–164). New York: Macmillan.
⑤ 涂荣豹,季素月.数学课程与教学论新编[M].南京:江苏教育出版社,2007:229.

续表

作者 / 机构（年份）	数学教学知识要素（结构）
童莉 /2010	数学学科教学知识由两种核心五种成分构成。核心一：某特定数学内容和学生的知识，包括（1）对于某特定主题的数学内容，学生理解中可能遇到哪些困难？（2）对于某特定主题的数学内容，学生的可能出现哪些误解？（3）对于某特定主题教学内容，教师采用何种方法处理这些困难？核心二：某特定数学主题内容和教学的知识，包括（1）应该以什么样的主线组织某特定主题的数学教学内容？（2）考虑到学生的理解能力，应该选择何种表征方式（解释、符号、图形、情景和操作等）把具体数学主题内容呈现给学生？[1]
董涛 /2010	数学学科教学知识含有五种要素：数学教学的统领性观念、内容组织的知识、学生理解的知识、效果反馈的知识和教学策略的知识[2]
李渺 /2011	数学学科教学知识的构成要素为以下几个部分：（1）数学学科知识，包括数学观念、学科内容知识、数学思想方法以及数学史知识；（2）一般教学法知识，包括教育观念、教育理论知识、课程知识、教学知识；（3）有关数学学习的知识，包括学生发展的知识、学生学习的认知因素与非认知因素的知识、学习环境的知识；（4）教育技术的知识，包括有关传统教学媒体的知识以及有关现代教育技术的知识[3]

美国密歇根大学的鲍尔（Ball）教授及其团队采用扎根实践（practice-based）的研究方法，从课堂分析入手，于 2008 年提出了"面向教学的数学知识（Mathematical Knowledge for teaching，简称 MKT）"，并给出了 MKT 的结

---

[1] 童莉.数学教师专业发展的新视角——数学教学内容知识(MPCK)[J].数学教育学报,2010,19 (2):23-26.

[2] 董涛.数学课堂中 PCK 的结构[J].内蒙古师范大学学报(教育科学版),2010(8):122-124.

[3] 李渺,宁连华.数学教学内容知识(MPCK)的构成成分表现形式及其意义[J].数学教育学报, 2011,20(2):10-14.

构模型（如图 2-1）[①]。MKT 包括学科知识（SMK）和学科教学知识（PCK）两大部分。其中，学科教学知识主要包括如下三种：（1）内容与学生的知识；（2）内容与教学的知识；（3）内容与课程的知识。[②]2016 年，北京师范大学曹一鸣教授及其团队结合中国实际，对 Ball 及其研究团队所设计的 MKT（数学教学知识）量表进行了本土化改进，形成了信效度良好的中小学教师数学教学知识测试量表[③]。然而，Ball 团队关于 MKT 的研究均是围绕在职教师展开的，对于职前教师而言，MKT 的这些子成分还需进一步具体明确，[④]而曹一鸣教授团队提出的中小学数学教学知识测试量表主要也是针对在职教师进行测试的。

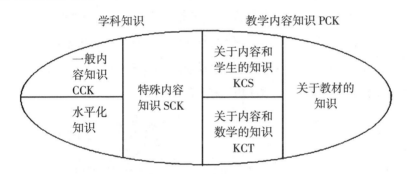

图 2-1　面向教学的数学知识（MKT）结构模型

黄毅英、许世红（2009）构建了 MPCK 的结构模型（如图 2-2），并将 MPCK 分成三个部分：数学学科知识、一般教学知识、有关数学学习的知识。MPCK 是三类知识的交集。通常情况下，随着教学经验的积累，对应的这三类知识也会越来越丰富，那么它们的交集也会逐渐扩大，进而形成的 MPCK 也会逐渐增大。[⑤]

① Heather C.Hill. Unpacking Pedagogical Content Knowledge：Conceptualizing and Measuring Teachers'Topic-specific knowledge of Students［J］.Journal for Reaearchin Mathematics Education，2008，39（4）：372-400.

② 徐章韬.面向教学的数学知识——基于数学发生发展的视角[M].北京：科学出版社，2013：39.

③ 刘晓婷，郭衎，曹一鸣.教师数学教学知识对小学生数学学业成绩的影响[J].教师教育研究，2016，28（4）：42-48.

④ 庞雅丽.职前数学教师的 MKT 现状及发展研究[D].上海：华东师范大学，2011：57.

⑤ 黄毅英，许世红.数学教学内容知识——结构特征与研发举例[J].数学教育学报，2009，18（1）：5-9.

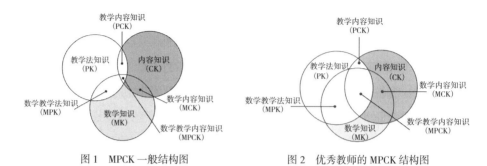

图 1　MPCK 一般结构图　　　　图 2　优秀教师的 MPCK 结构图

图 2-2　MPCK 的结构模型图

美国数学教师教育与发展研究（TED-M）TEDS-M 研究人员在"21 世纪数学教学"（MT21）项目研究的基础上借鉴"以德国人为本的 COACTIV 研究"成果，最终制定了 MPCK 评价框架和评价工具。此评价框架由三个指标构成，即数学课程知识、数学教学计划知识和数学教学实施知识。每个指标下又有若干子指标构成，具体构成框架如图 2-3①:

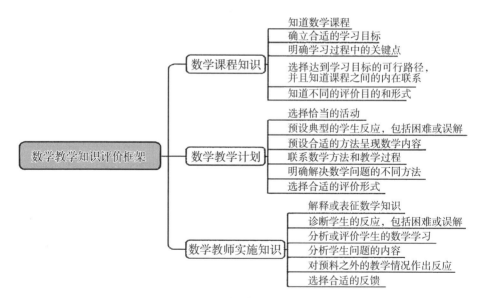

图 2-3　TED-M 数学教学知识评价框架

---

①　陈碧芬,张维忠.数学教学评价工具评介及启示[J].浙江师范大学学报(社会科学版),2014
(4):97-101.

3. 不同阶段数学教师 MPCK 发展状况的相关研究

(1) 在职数学教师 MPCK 发展状况的相关研究

景敏（2006）是我国对数学教师学科教学知识进行系统性研究的开拓者之一，在借鉴国内外有关教师专业发展策略的基础上，他提出并验证了"行动学习"策略是发展初中数学教师教学内容知识的有效途径。[1]

童莉（2008）认为数学教师所拥有的数学知识是学科教学知识转化的起点，数学教师学科教学知识的转化由理解、表征、适应三个环节构成，以此实现教师对某一数学知识归类与解释、表达与呈现、调整与适应，来满足学生的个性特点和需要。为促进数学知识向数学学科教学知识的有效转化，她从课程的设置、结构、教学组织形式、教学内容等方面对职前阶段的培养提出了相应的建议。[2]

华中师范大学硕士生朱龙以李渺对 MPCK 的分类为主要依据和基本框架，在其硕士论文中对职后高中数学教师 MPCK 发展进行了实证研究，得到如下结论：职后高中数学教师 MPCK 没有显著的性别差异、教龄差异、学校差异；在 MPCK 的不同维度上，职后高中数学教师 MPCK 各个构成要素掌握现状及其来源在性别、教龄、学校上有不同程度的差异。[3]

鲍银霞（2016）在其博士学位论文中对广东省小学数学教师 MPCK 现状进行研究，得出如下结论：(1)小学数学教师 MPCK 的内容维度相对最为薄弱；(2)小学数学教师 MPCK 存在着显著的省域和市域差异，城乡接合部和农村小学数学教师 MPCK 发展是薄弱环节；(3)年龄、学历和任教年级经历对小学数学教师 MPCK 具有显著影响，而性别、学科背景、教龄和职务对小学数学教师 MPCK 没有显著影响。[4]廖冬发（2010）在其硕士论文中通过调查小学数学

[1] 景敏.基于学校的数学教师教学内容知识发展策略研究[D].上海:华东师范大学,2006.
[2] 童莉.初中数学教师数学教学知识的发展研究——基于数学知识向数学教学知识的转化[D].重庆:西南大学,2008.
[3] 朱龙.职后高中数学教师 MPCK 发展的实证研究[D].武汉:华中师范大学,2014.
[4] 鲍银霞.广东省小学数学教师 MPCK 的调查与分析[D].上海:华东师范大学,2016.

教师在学科教学知识结构方面现状发现：数学教师在学生对数学理解的知识上较为缺乏，而数学教师教育中缺乏关于学生理解数学知识的系统知识被认为是导致该问题产生的主要原因之一。[1]因此，在数学教师教育中增加了解学生对数学理解知识的内容被认为是有针对性的完善途径之一。

孙兴华通过研究得到小学数学教师关于学科教学知识建构表现的要素有两个方面三个维度：（1）理解，包括关于所教内容的本质理解、关于学生学习的理解两个维度；（2）表征，关于教学表征的运用。[2]毕力格图提出发展数学教师学科教学知识、提升其专业素养的"学研环"与"实践环"双环模式，而发展"路径"则是以数学学科知识核心概念为主线的知识脉络（纵横关系），即教师学科教学知识发展是螺旋式上升的过程，是学习、研究和专业实践高度融合、相互促进的过程。[3]

(2) 职前数学教师 MPCK 发展状况的相关研究

职前教师与在职教师分属教师生涯的不同阶段，其在学科教学知识的发展程度也体现出明显差别[4]，不仅存在着量的不同，也有质的差异。而且学科教学知识的发展不论是在我国职前数学教师教育中，还是在职后的数学教师的培训中，都处于一种被忽视或边缘化的状态[5]。再加之有研究者认为，职前教育阶段并不是数学教师学科教学知识的主要来源（范良火，2003；刘清华，2004；朱晓民，2009），我国超过 70%的职前教师只能在形式上领会学科教学内容而不能将之有效转化[6]，如果以在职数学教师为参照标准，职前数学教师在学科教学知识上最为薄弱。[7]基于教师的专业成长与其职前阶段学科教学知

---

① 廖冬发.数学教师学科教学知识结构缺陷与完善途径的研究[D].重庆:西南大学,2010.

② 孙兴华.小学数学教师学科教学知识建构表现的研究[D].长春:东北师范大学,2015.

③ 毕力格图.数学教师学科教学知识发展的双环模式[J].中小学教师培训,2011(1):23-25.

④ Turner-Bisset,R.Expert Teaching:Knowledge and Pedagogy to Lead the Profession[M].London:David Fulton Publishers,2001.

⑤ 童莉.初中数学教师数学教学知识的发展研究——基于数学知识向数学教学知识的转化[D].重庆:西南大学,2008.

⑥ 冷蓉.高校师范生教学实践能力调查研究——以 S 大学为例[D].上海:上海师范大学,2013.

⑦ 韩继伟,马云鹏,吴琼.职前数学教师的教师知识状况研究[J].教师教育研究,2016(3):67-72.

识的发展程度有极为密切的关系，以及职前教师学科教学知识的总体状况还有待提升的现实状况，有针对性地对职前数学教师的学科教学知识进行深入研究，并重视职前数学教师学科教学知识的培养尤为必要。

在中国知网 CNKI 文献检索中，先后以"数学教师学科教学知识""职前数学教师学科教学知识（MPCK）""数学师范生学科教学知识（MPCK）"为主题词，检索了从 2005 年 1 月—2017 年 5 月的核心期刊与相应的硕博论文，筛选剔除重复性的文章，最后得到相关文献共 110 篇。对此进行梳理与分类，得到表 2-5、表 2-6、表 2-7。并由此得到以下结论：相对在职数学教师的学科教学知识而言，无论从核心期刊的载文量，还是学位论文的研究内容来说，有关职前数学教师学科教学知识的研究所占比例均较低。而且，专门针对职前数学教师学科教学知识的系统性研究较少，零星地散见于少数研究者和一些硕士毕业论文的研究中，仅有徐章韬（2009）、庞雅丽（2011）、黄友初（2014）在其博士学位论文中对职前数学教师的学科教学知识进行了一定程度的探讨，基于大样本调查院校覆盖区域和所属类别较为全面广泛的有关职前数学教学知识的实证研究还非常少。

表 2-5　数学教师学科教学知识研究文献统计

(单位：篇)

类别（研究对象） 文献类型	职前数学教师	职后数学教师				其他（无明确时间分段）
		幼儿园	小学	初中	高中	
博士论文	4	0	4	3	1	0
硕士论文	11	4	5	5	17	2
核心期刊	15	0	12	3	3	21
总计	30	4	21	11	21	23

表 2-6　以数学学科教学知识为主要研究视角的博士学位论文

序号	学位授予时间/年	作　者	学位授予单位	论文题目
1	2006	景　敏	华东师范大学	基于学校的数学教师数学教学内容知识发展策略研究
2	2008	童　莉	西南大学	初中数学教师数学教学知识的发展研究——基于数学知识向教学知识的转化
3	2009	徐章韬	华东师范大学	师范生面向教学的数学知识之研究——基于数学发生发展的视角
4	2011	柳　笛	华东师范大学	高中数学教师学科教学知识的案例研究
5	2011	庞雅丽	华东师范大学	职前数学教师的 MKT 现状及发展研究
6	2013	解　书	东北师范大学	小学数学教师学科教学知识的结构与特征分析
7	2014	黄友初	华东师范大学	基于数学史课程的职前教师教学知识发展研究
8	2014	张新颜	北京师范大学	初中数学教师整合技术的学科教学知识研究——以几何变换为例
9	2015	孙兴华	东北师范大学	小学数学教师学科教学知识建构表现的研究
10	2016	鲍银霞	华东师范大学	广东省小学数学教师 MPCK 的调查与分析
11	2016	刘晓婷	北京师范大学	教师数学教学知识与小学生数学学科能力表现及其相关性研究

表 2-7　与职前数学教师学科教学知识相关的硕士论文

序号	学位授予时间/年	作者	学位授予单位	论文题目
1	2014	王晓庆	河北师范大学	幼师生数学学科教学知识形成的研究
2	2013	樊　靖	陕西师范大学	高师院校数学师范生学科教学知识现状调查及研究
3	2013	张　超	东北师范大学	职前教师与在职教师数学教学知识的对比研究
4	2014	吴木通	闽南师范大学	地方院校师范生 MPCK 研究
5	2014	王　瑾	上海师范大学	教育实习对数学师范生 PCK 发展影响的个案研究
6	2014	谷青峰	华中师范大学	促进职前数学教师 MPCK 发展的策略研究
7	2014	张小青	华中师范大学	职前高中数学教师 MPCK 的内涵及其发展研究
8	2015	王恩奎	陕西师范大学	数学专业学位研究生 MPCK 现状研究
9	2015	费　峣	扬州大学	高师院校数学师范生 MPCK 形成与发展状况研究
10	2015	李姝静	辽宁师范大学	职前教师代数学科教师专业知识比较研究

徐章韬博士（2009）在其博士论文"师范生面向教学的数学知识之研究——基于数学发生发展的视角"中以 6 名有志于从事教师职业的师范生为被试对象，以三角知识为载体，采用问卷调查、深度访谈等多种研究工具对面向教学的数学知识进行了实证研究。调查显示：师范生对教材的理解水平停留在概念和解题水平上；在"诊断"和"预测"学生学习困难方面的知识存在不足；师范生学与教的知识水平大致分布在内容水平理解、概念水平理解、问题解决水平三个等级上，对学和教的理解有明显的缺失。该研究因选取的样本数量较少，使得研究结果的推广有一定的局限性。

庞雅丽博士（2011）建构了职前数学教师的 MKT 结构框架，开发了相应的测量工具，通过研究发现职前数学教师的学科教学知识整体水平不容乐观，他们的内容与学生的知识、内容与教学的知识均比较有限，横纵向内容知识尤其薄弱，并且重点师范院校职前数学教师与一般师范院校的职前数学教师在内容与学生的知识上存在差异；基于课堂教学视频分析的干预方案对提高职前数学教师分析教学的能力和学习动机，促进职前数学教师学科教学知识的发展较为有效。[1]但该研究中对职前教师 MKT 的调查仅限于"数的概念与运算"这一领域，在反映职前教师 MKT 的整体情况方面有一定的局限性。

陈鑫（2010）在其硕士论文《准教师数学教学知识的调查研究——以东北师范大学为个案》中，将准教师数学教学知识分为：关于数学课程的知识、关于数学教学的知识、关于数学学习的知识以及关于教育学、心理学的知识四个部分，并根据自编问卷对东北师范大学数学系的大四学生及研究生进行了调查研究。结果表明：准教师对数学教学知识的平均掌握情况不是很好。相对来讲，在各类具体的数学教学知识中，关于教学的知识掌握最好，显著好于对数学课程、数学学习和教育学心理学知识的掌握；准教师的数学教学知识与性别变量关系显著，女生对数学教学知识的掌握好于男生，而与学历和经常家教无关。[2]

① 黄友初.基于数学史课程的职前教师教学知识发展研究[D].上海:华东师范大学,2014.
② 陈鑫.准教师数学教学知识的调查研究——以东北师范大学为个案[D].长春:东北师范大学,2010.

樊靖（2013）在其硕士论文中通过对高师院校数学师范生学科教学知识现状的调查，发现当前数学职前教师 PCK 发展尚处于转化的初级阶段，且存在如下问题：（1）数学学科知识掌握不扎实；（2）一般教学法知识掌握程度不够理想；（3）数学职前教师对课程知识知之甚少；（4）关于学生知识严重匮乏。[①]

吴木通（2014）以某所地方师范院校大四年级数学专业师范生为研究对象，以"数的概念与运算"这一特定主题为例，对地方院校师范生的 MPCK 进行研究得到以下结论：（1）数学学科知识，地方师范院校师范生对某些概念掌握较好，但对某些概念掌握较差；（2）关于学生的知识，地方师范院校师范生的表现尚可，能够在一定程度上预测学生可能存在的困难和容易犯的错误，但是更多地是依据自身当时数学学习的推测；（3）教学策略知识，地方师范院校师范生的表现则比较糟糕，对特定内容的教学表征单一，对一些法则很难给出正确的模型或解释；（4）数学师范生获得学科教学知识最主要的来源是"回想模仿作为中小学学生时教师是怎么讲授的""教学实习""和老师、同学的交流"以及"自身的教学经验和自我反思"。[②]

章勤琼，郑鹏，谭莉（2014）从"数学专业的知识"与"数学教学的知识"两个维度出发，利用在职小学数学教师数学本体性知识的问卷，对数学师范生的数学教学知识状况进行了一些调查，结果表明：师范生的数学教学知识不容乐观，而大学期间的课程设置对他们的数学教学知识有一定影响。该研究认为可从加强学科知识的学习、重视对课程标准与教材的理解、更多关注中小学教学实践等方面进一步提升数学师范生的学科教学知识。[③]韩继伟、马云鹏、吴琼（2016）使用在职数学教师知识的问卷，考察了包括数学学科教学知识在内的职前数学教师的教师知识状况，发现职前数学教师的学科教学知识的水平显著低于在职数学教师，若以在职数学教师为参照标准，

①　樊靖.高师院校数学师范生学科教学知识现状调查及研究[D].西安:陕西师范大学,2013.
②　吴木通.地方院校师范生 MPCK 研究[D].西安:陕西师范大学,2014.
③　章勤琼,郑鹏,谭莉.师范生数学教学知识的实证研究[J].数学教育学报,2014,23(4):26-30.

职前数学教师在学科教学知识上最为薄弱。同时，与职前数学教师的其他教师知识状况相比，学科教学知识的得分尤其低。①

张小青（2014）以李渺对 MPCK 的分类为主要依据和基本框架，结合 TPCK 的有关研究，将教育技术知识 TK 的维度重新划分为教育技术的观念、关于教学的技术、关于管理的技术，并在此基础上构建和编制了职前高中教师 MPCK 调查问卷，通过研究发现：中小学生时代的经历和数学教育实践对一般教学法知识有重要影响；毕业见习是一般教学法知识提高的关键，在实践中也要通过教育专业知识和课外书籍补充一般教学法知识；数学教育实践是获取学生对某主题知识的学前概念、预见学生对某主题知识的困难、学生心理思维发展特点和学生学习策略与方法的良好途径；大学基础课程和数学专业软件的学习为了解技术知识提供可能，并扩充技术知识的广度。②

(3) 新手教师与专家教师 MPCK 发展状况的比较研究

杨彩霞（2006）对福州市 32 名（专家教师与非专家教师各 16 名）小学数学教师的 PCK 进行研究，发现同非专家教师相比，专家教师更加理解学生的思维和解题策略，更了解学生的错误想法与难点，两者在教学设计方面也有明显差异。

胡典顺、贺明荣、钱旭升等研究者通过研究经验型教师和新手教师在解题教学中的不同表现，发现具有丰富 MPCK 的高中教师注重对学生解题思维的培养以及解题能力的提升，让学生体会题目中所蕴含的数学思想，并能做到将题目进行拓展和归纳。③④⑤除此之外，还要灵活运用做题方法，做到举一反三，而新手教师则不能较为准确地预见题目难度，对学生学习困难的预见能力不强，往往表现为高估或低估学生的水平，故应用的表征难以适应学

---

① 韩继伟,马云鹏,吴琼.职前数学教师的教师知识状况研究[J].教师教育研究,2016,28(3): 67–72.

② 张小青.职前高中教师 MPCK 的内涵及发展研究[D].武汉:华中师范大学,2014.

③ 胡典顺.MPCK 视角下的解题案例分析[J].数学通报,2011(12).

④ 贺明荣.浅析 MPCK 视角下的解题教学[J].中学数学,2013:27–29.

⑤ 钱旭升,童莉.数学知识向数学教学知识转化的个案研究——基于新手与专家型教师的差异比较[J].长春理工大学学报(高教版),2009,4(3):155–157.

生的实际需求。

上海青浦实验研究所（2007）、杨秀钢等通过研究发现：新手教师虽具有将学科知识"转化"为教学任务的"教育学化"能力，但因缺乏对学生掌握知识过程中障碍的正确把握，故将教学任务"转化"成学生实际获得的能力不足，并且新教师和经验教师的教学设计存在显著差异，其差异主要体现在教学目标、教学重点与难点，还有教学例题与习题的选择上。[1][2]

庄丽薇（2012）通过研究发现新教师的 PCK 呈现如下特点：（1）课前，难以准确把握教学内容及重难点，熟悉旧知识在新知识中的应用，但对本课题在之后学习中的应用考虑较少，了解学生个体差异的方式单一，多以降低教学难度而不是分层教学来帮助不同层次的学生学会特定的课题；（2）课堂上，根据学生的掌握情况灵活调控课堂教学的能力不足，教学重心集中在知识点的学习和培养解题能力上，培养学生综合能力的意识不强，利用表征帮助学生理解教学内容的能力不够理想；（3）评价学生的学习效果的手段主要是作业和考试，而较少应用课堂互动和课后访谈；对教学片断有较强的反思能力，但难以从课堂全局反思。[3]

刘海燕以李渺对 MPCK 的分类为主要依据和基本框架，通过文献综述、问卷调查、案例研究、比较研究等研究方法，对比经验丰富的教师，发现新教师的 MPCK 呈现如下特点：（1）无论在教学目标、教学重难点的确定，还是在教学例题与习题的选择上，都缺乏深刻考虑，不敢进行变式练习和拓展；（2）仅对教学内容进行反思，缺乏对整堂课的总体反思；（3）对学生的认知水平和已有知识了解不够；（4）在评判学生学习效果方面，新教师绝大部分情况下仅仅通过学生的作业和考试，然后针对错题进行训练。[4]

---

① 　上海市青浦实验研究所.小学数学新手和专家教师 PCK 比较的个案研究——青浦实验的新世纪行动之四[J].上海教育科研,2007(10).
② 　杨秀钢.高中数学新教师与经验教师 PCK 比较的个案研究[D].上海:华东师范大学,2009.
③ 　庄丽薇.高中数学教师 PCK 的个案研究[D].桂林:广西师范大学,2012.
④ 　刘海燕.MPCK 视角下的高中教学实践研究[D].武汉:华中师范大学,2014.

柳笛（2011）在其博士论文中通过运用案例研究和问卷调查对高中数学教师的学科教学知识进行了深入研究。结果表明：职初教师和经验教师在数学内容知识、学生理解的知识、效果反馈的知识和教学策略的知识上存在显著的差异。为了更好地提升高中数学的学科教学知识，她提出如下建议：（1）提升师范生的学科教学知识可由学科内容知识先着手；（2）加强教师学科教学知识的案例研究；（3）将教师专业发展置于课堂情境下；（4）教师培训关注实践性。[①]

(4) 不同国家与地区数学教师 MPCK 发展状况的比较研究

马立平于 1999 年通过对中美小学数学教师知识比较显示：中国教师"对于基础数学的深刻理解"比美国教师强，中国教师在教学的时候更注重知识之间的联系和相互关系。

安淑华于 2004 年通过教师问卷、访谈、观察等对比研究，认为中美高中数学教师的 PCK 之间的差异在于：美国教师侧重于设计一系列辅助性活动来帮助学生理解数学概念；中国教师更注重过程和概念性知识的教学。[②]

曹一鸣，郭衎（2015）运用密歇根大学研发的信度和效度均良好的 MKT 测试工具，对我国 2764 名初中教师进行测试，并与美国数据库中的数据进行比较。结果显示：（1）中国教师的数学教学知识高于美国教师，两者之间差异显著；（2）中国数学教师的一般数学内容知识明显高于美国数学教师；（3）中美教师对于有关内容与学生方面的知识及有关内容与教学的知识均有欠缺，但中国教师比美国教师的这部分知识更弱，特别是设计合适的活动进行教学上；（4）中国教师在数与代数方面优于美国教师，但在统计，特别是关于数据的使用方面却弱于美国教师。[③]

通过不同发展阶段特别是专家型与新手型教师、经验型与新手型教师在

---

① 柳笛.高中数学教师学科教学知识的案例研究[D].上海:华东师范大学,2011.
② An S,Kulm G,Wu Z. The Pedagogical Content Knowledgeof Middle School,Mathematics Teachers in China and theUS[J]. Journal of Mathematics Teacher Education,2004,7(2):145-172.
③ 曹一鸣,郭衎.中美教师数学教学知识比较研究[J].比较教育研究,2015(2):108-112.

数学学科教学知识的对比研究和不同国家教师在 MPCK 上的比较研究，可看出新手型教师在有关学生知识（如对学生思维、错误想法、难点的了解）、有关教学的策略性知识、有关学生评价的知识方面仍存在欠缺。新手型教师步入工作岗位之初，在实际工作中的表现和暴露出的问题在某种程度上也是刚刚结束不久的职前教育专业素质培养的结果。因此，这一比较有助于为后续职前教师学科教学知识的研究提供参考和借鉴。

4. 数学学科教学知识的来源

库尼认为，教师获得学科教学知识的途径是教师教育的重要立足点之一，故它应成为教师教育的研究热点。[1]因此，探寻数学学科教学知识的来源，对于促进数学学科教学知识的生成与发展具有重要意义。

范良火（2003）明晰了教师数学学科教学知识的七种来源，即作为中小学学生时的经验、职前培训、从教后接受的专业培训、有组织的专业活动、与同事的日常交流、阅读专业书刊和自身的教学经验和反思。通过问卷调查、课堂听课和教师面谈，对美国芝加哥地区大都市区 25 所最好的高中学校 77 名数学教师进行研究的基础上得到结论：教师"自身的教学经验和反思"以及"和同事的日常交流"是他们发展教学知识的最为重要的来源，"在职培训"和"有组织的专业活动"也是发展自身教学知识的比较重要的来源；但是相比之下，"作为学生时的经验"、"职前培训"和"阅读专业书刊"则是最不重要的来源。[2]而刘俊华通过对我国高中数学教师的 MPCK 研究，也得到职前教师专业教育是数学教师 MPCK 的次要来源。[3]范良火与刘俊华的研究均说明职前教师专业教育对数学教师 MPCK 的作用有限。而景敏则通过研究发现："行动学习"是促进中学数学教师教学内容知识发展的有效策略。[4]

① Thomas J. Cooney. Research and Teacher Education:In Search of Common Ground [J]. Journal of Research in Mathematics Education,1994,25(6).
② 范良火.教师教学知识发展研究[M].上海:华东师范大学,2003.
③ 刘俊华.高中数学教师的 MPCK 发展研究[D].武汉:华中师范大学,2012.
④ 景敏.基于学校的数学教师数学教学内容发展策略研究[D].上海:华东师范大学,2006.

范德瑞尔教授认为职前教师与在职教师分享教学实践中的反思，可以促进 PCK 的习得和教学实践的改善。同时，让教师观看在自己的课堂上学生们是如何学习的，是提高其 PCK 水平比较有效的方式。[①]虽然通过团队协作或者专业委员会现场评教等方式可以提高教师的 PCK 水平，但是提高教师 PCK 的水平不能仅限于为教师提供传授某学科内容的知识的优秀案例，而应该让教师有机会践行优秀案例中的教学策略，并对自己的教学实践进行反思。

在我国有关职前教师学科教学知识来源方面，陈鑫（2010）通过实际调查发现，准教师的数学教学知识各维度上来源存在不同的途径，各种来源对准教师获得数学教学知识的相对重要性是"数学教育课程"为最重要来源，"一般教育类课程""教育见习、实习""课外自学"为比较重要来源，而"作为中小学学生时的经验"和"家教带班经验"为最不重要来源。[②]吴木通则通过研究得到："回想模仿作为中小学学生时教师是怎么讲授的""教学实习""和老师、同学的交流""自身的教学经验和自我反思"是数学师范生获得学科教学知识最主要的来源。[③]丁锐等研究者通过调查，发现教育见习实习、数学教法课最为重要，教育类课程、家教、微格教学较为重要，而社团活动则最不重要。[④]

明晰数学教师学科教学知识的来源，对于深入理解数学学科教学知识的内涵，进而有目的地培养、提升教师的学科教学知识水平，具有重要的现实意义。然而，上述对学科教学知识的研究特别是职前数学教师学科教学知识来源得到的结论并不相同，这可能是由于研究者的调查样本量较小且来源单一（都仅研究了一所院校），且样本所属师范院校层次不同，使得研究结果不具有广泛性和代表性，难以反映当前我国职前数学教师学科教学知识来源的整体情况。

① 翟俊卿,王习,廖梁.教师学科教学知识(PCK)的新视界——与范德瑞尔教授的对话[J].教师教育研究,2015,27(4):6-10.
② 陈鑫.准教师数学教学知识的调查研究——以东北师范大学为例[D].长春:东北师范大学,2010.
③ 吴木通.地方院校师范生 MPCK 研究[D].漳州:闽南师范大学,2014.
④ 丁锐,马云鹏,王影.小学教育专业师范生数学教师知识的状况及其来源分析[J].东北师大学学报(哲学社会科学版),2012(4):194-199.

5.数学学科教学知识的研究方法

通过对文献的梳理，本研究发现当前对数学学科教学知识进行测试、深度研究的方法主要有试题测试法、问卷调查法、访谈法、观察法（包括个案研究和视频分析法）等。

（1）试题测试法

试题测试可以较大程度地反映个体在解答问题过程中所体现的真实水平，因此试题测试是检测教师个体知识水平中比较常见的方法。由于试题数量的限制以及测试结果在分析中难以量化的制约，试题测试法往往只能部分地反映出教师数学学科教学知识的水平。庞雅丽（2012）基于职前数学教师 MKT框架，以中小学数学教学中"数的概念与运算"为载体，编制了测试试卷以了解职前数学教师包括数学学科教学知识在内的 MKT 现状。20 世纪 80 年代末、90 年代初美国康涅狄格州基础教育教师资格考试曾采用纸笔考试和多项选择题来评价教师的 MPCK。但结果表明，利用该测评工具选拔出的部分数学教师教学效果并不理想，有研究者将此部分结果归因于静态的测试难以完全反映教师头脑中"鲜活"的 MPCK，[①]因此试题测验成绩优秀并不必然拥有丰富的学科教学知识和突出的教学效果。此外，教师的学科教学知识内涵丰富，涉及的知识面非常广，而试题往往围绕某一个或某几个知识内容为中心来检测，其能否全面反映教师的整个学科教学知识水平，值得思考。

（2）问卷调查法

问卷调查法是指通过设计问卷、实施调查，并根据回收的答案进行统计分析，得出结论的方法。该方法最大的优势在于测试题的结果多为封闭式的，使得调查结果统计起来较为便捷、易于比较，并可以获得较多研究样本，反映较大群体的学科教学知识整体水平。在国内有较多学者采用问卷调查方式来研究教师的教学知识。然而，问卷调查法的实施虽然便捷，但开发一套有

---

① 陈碧芬,张维忠.数学教学知识、评价工具评介及启示[J].浙江师范大学学报(社会科学版),2014(4):97–101.

效可信，能够真实体现被测者的学科教学知识水平的测评问卷并不容易，需要研究者具备较高的研究素养并在实践中反复地测试修正。

(3) 访谈调查法

访谈法是研究者基于一定的目的和任务，通过访谈对研究对象进行深度的了解，以更全面地剖析研究对象行为背后的深层次原因。如通过访谈了解职前教师在教学中进行教学设计、实施教学行为的原因及其依据，以更深入地判断其学科教学知识的现状。但访谈调查法中研究样本的选取范围、层次与数量都比较有限，且访谈得到的教师学科知识状况及其认识不可避免地具有被访谈者的个人色彩，而且对结果的呈现是分析性的，往往带有研究者一定的主观性，验证和推广起来较为困难。

(4) 观察法

通过课堂实地观摩或借助录像、视频进行课堂观察，以精细分析教师在针对某一具体数学内容进行教学时所呈现出来的数学学科教学知识。课堂观察具有较高的有效度，但受到研究者时间、精力和研究样本数量的制约，用观察法检测大样本教师的 MPCK 水平是很困难的。此外，为避免得到的结论片面，有关教师学科教学知识的研究对课堂观察的要求较高，并且课堂观察得到的有关学科教学知识的评价与结果缺乏整体性，难以有效地推广应用。

基于上述研究方法在研究教师学科教学知识时各有优势和不足，故采用多种研究方法相结合的方式日益成为研究数学教师学科教学知识的主要方法。评价工具的不完备也一直是 MPCK 评价的难点之一。[1]2011 年美国埃里克森学院早期数学教育项目采用视频分析法和问卷调查法相结合的方法开发了一套测评教师学科教学知识的工具。[2]

---

[1] 陈碧芬,张维忠.数学教学评价工具评介及启示[J].浙江师范大学学报(社会科学版),2014(4):97–101.

[2] 汤杰英,周竞.测评教师学科教学知识的工具开发——基于对美国埃里克森学院所开发工具的介绍和验证[J].教育科学,2013,29(5):86–90.

对有关职前数学教师学科教学知识的相关文献特别是硕士、博士论文所采用的研究方法进行梳理，可发现：（1）以访谈、课堂观察等为代表的小样本质性研究是当前研究职前数学教师学科教学知识的主要方法；（2）量性研究中小样本研究多，大样本研究少，但整体反映职前数学教师学科教学水平状况的研究成果亟需加强。韩继伟（2016）、徐章韬（2009）、庞雅丽（2012）把职前数学教师学科教学知识作为整个数学教师知识结构或者 MKT 知识的一部分，对数学学科教学知识的现状进行了一些实证研究，这些研究者采用的方法和主要结果对后续职前数学教师学科教学知识的研究开展提供了很好的借鉴和参考，然而与景敏（2006）、柳笛（2011）、解书（2013）、孙兴华（2015）、鲍银霞（2016）等研究者对在职数学教师学科教学知识的系统研究相比，不难发现相关的职前数学教师学科教学知识的系统论述总体数量偏少，专门对其进行研究的博士论文几乎没有。而在硕士论文方面，张超（2013）、王恩奎（2015）以专业硕士为研究对象，对职前数学教师的 MPCK 进行了研究，但其样本的选择多局限于研究者所在的师范院校，且研究工具也存在一些不足，使得研究结果难以真实反映我国职前数学教师学科教学知识的整体水平。因此，有继续深入研究的必要。

6. 数学学科教学知识的总体研究现状及思考

综上，可发现目前我国对数学教师学科教学知识的研究主要集中于三个方面：一是对其内涵、结构、特征、价值进行理论建构，以丰富和深化数学教师学科教学知识的外延和内涵；二是通过个案研究、教学案例对不同专业发展阶段（如专家和新手教师、职前和在职）、不同国家和地区的数学教师的 MPCK 进行对比研究；三是对数学教师学科教学知识的整体或者某一维度的现状进行调查。对数学学科教学知识的总体现状相关文献进行梳理，可发现：①从学科教学知识的构成上看，数学教师的知识特别是学科教学知识的发展有其阶段性，但目前有关职前数学教师学科教学知识构成方面的研究，在具体指标的构成与表征上与在职教师的区分度不明显，并没有体现职前数学教师学科教学知识自身的独特性，并且不少有关职前教师学科教学知识的研究较多地依赖于在职教师的学科教学知识标准，使得结果难以客观反映职前数学教师学科知识的真实水平；②从研究内容上看，不论是核心期刊的载文量，还是学位论文的数量，都显示与在职教师学科教学知识的研究相比，职前数学教师学科教学知识的研究所占的比例都偏低，且深入的系统性研究较少；③从研究方法上看，当前研究职前数学教师学科教学知识的方法主要以访谈、课堂观察等小样本质性研究为主，基于大样本，调查院校覆盖区域和所属类别较为全面广泛的实证研究非常少，因此整体反映职前数学教师学科教学水平状况的研究成果亟需加强。

（三）关于职前数学教师培养现状的相关研究

1. 职前数学教师培养过程中的课程设置

师范院校数学与应用数学专业（师范类）的课程设置直接关系到职前数学教师的培养质量，因此如何合理地设置相应的课程是当前师范院校极为关注的热点问题。陈静安等（2011）认为当前数学教师职前教育课程中：通识课程涉及领域较窄，课程单一、陈旧，内容贫乏、综合化程度低；而学科教育课和教师专业课仍然未能很好解决长期以来存在的重学科轻教育、重理论轻实践、重知识轻能力等弊端，课程的设置及比例依然不协调，且教育实习时间远远低于教育发达国家，导致教育教学胜任能力不强等问题难以得到根本性解决。[1]冯举山（2015）通过对职前数学教师的培养研究，发现教育实践课程单一，制约职前数学教师的多元发展；职前数学教师的教育类课程设置趋于形式化，致使其教学实践能力欠缺。[2]基于此，不少研究者认为应该借鉴国外课程设置过程中的经验。付光槐，刘义兵（2016）通过中加职前教师教

---

① 陈静安,杨蕾,孙莅文.中学数学教师职前教育及课程结构比较研究[J].云南师范大学学报(自然科学版),2011,31(01):71-78.

② 冯举山.职前数学教师的培养研究[D].新乡:河南师范大学,2015.

育实习课程的对比，认为我国职前教师教育实习课程在课程设计上应体现以下特征：①选择复杂的、真实的情境以使学习者有机会生成问题，提出各种假设；②给学生提供适当的支撑，特别是专业及熟手的引导和支持；③在学习过程中对学生实施持续的现场评定。①陈静安等（2011）则通过美国、英国、新加坡与中国职前数学教师课程的对比研究，认为我国职前数学教师课程的配置与比例，需突出高师课程专业性、应用性、实践性和能力培养等质量特色；进一步加强高师课程内容、教育理论与中学数学教育实践的整合，确立面向中学，服务基础教育的教师教育理念等。②

2.职前数学教师培养过程中的教学实践

包括教育实习在内的实践教学是职前数学教师获得学科教学知识和技能的重要平台。在我国职前数学教师的培养过程中，通常课程的设置安排是理论先行，实习课程往往一次性地集中于整个教师教育课程的末端，即大学第六或第七学期，并且对实习生个体而言，往往只在同一所实习学校实习。然而，就国外的教育实习而言，澳大利亚教师教育非常注重在中小学环境中训练职前教师的从教能力。教育实习的时间常以天计，一般说来，为期4年的职前教育的教学实践不得少于80天，相当于16周，并且将教育实习分成若干次进行，每次实习均有所侧重，具有不同的主题，其实习内容和目标是循序渐进的。伦敦大学则规定，教学实习至少在两所学校进行，实习生教学实习评价主要依据英国合格教师专业标准，除了考察教案、小论文、案例研究报告、研究任务和报告外，还包括至少十节课的课堂观察及反馈。③美国的教师教育课程设置中教育实践课程一般占到了全部课程的1/3左右，并且实践

---

①　付光槐,刘义兵.中加职前教师教育实习课程比较——RLTESECC 项目交换生实习经历的启示[J].比较教育研究,2016(4):93-99.

②　陈静安,杨蕾,孙苈文.中学数学教师职前教育及课程结构比较研究[J].云南师范大学学报(自然科学版),2011,31(01):71-78.

③　刘江岳.专业化:中学教师职前教育研究[D].苏州:苏州大学,2014.

教育模式贯穿整个教学过程。[①]在实习课程的时段安排上，加拿大的职前教师在每学期末都会有包括社会实践、实习教学、实践课研修班等多种形式的实践课程，其三次实习分别安排在不同的学校进行，不同实习阶段中实习侧重点有所不同，每次都带着不同的任务和目的，且不断递进加深。[②]国外这些理论课程与实践课程交叉融合的做法，可以为我国职前数学教师教育过程中理论与实践的整合提供思路和借鉴。

3.职前数学教师的专业发展途径

王智明（2016）指出高等师范院校应从构建合理的数学核心课程体系、优化数学教育类课程的教学体系、构建"三位一体"的教师教育实践体系等等方面来发展师范生的数学教学知识。[③]王鉴等（2008）则认为获取实践性知识是促进教师专业发展的有效途径，即教师实践性知识的获得与积累、深化与外化是教师专业发展的有效途径。[④]王夫艳（2012）通过对香港职前教师教育的研究，获得启示，认为应通过建构专业自我、研究与试验、专业对话等策略增进师范生的实践体验，提升师范生的专业实践能力。[⑤]由上述研究可知，在职前数学教师专业化过程中，学科教学知识的获得尤为重要，而如何通过实践教学能力的提升来发展职前数学教师的学科教学知识，促进职前数学教师的专业化受到了越来越多研究者的关注。

① 钱小龙,汪霞.美、英、澳三国教师教育课程设置的现状与特点[J].外国教育研究,2011,38(4): 1-6.
② 付光槐,刘义兵.中加职前教师教育实习课程比较——RLTESECC项目交换生实习经历的启示[J].比较教育研究,2016(4):93-99.
③ 王智明.小学教育专业师范生MPCK发展途径探索[J].教育探索,2016(9):132-135.
④ 王鉴,徐立波.教师专业发展的内涵与途径——以实践性知识为核心[J].华中师范大学学报(人文社会科学版),2008(5):125-129.
⑤ 王夫艳.实践中学习教师——香港师范生专业实践能力的培养理念评析[J].全球教育展望, 2012,41(12):75-79.

(四) 文献综述小结

1. 职前数学教师学科教学知识的内涵

　　MPCK 是教师将数学知识以适当的方式进行加工、转化和表征，从而更有效地促进学生对数学知识的理解。它以数学知识为基础，但又超越了数学知识，并决定着具体教学情境下教师教学行为的发生方式。自 MPCK 被提出后，许多研究者为了研究方便，常常将其划分为若干要素进行研究。但实际上，职前数学教师学科教学知识内的各个要素是作为一个整体而发挥作用的，而不能被分割和肢解。它不是"数学学科知识+教学知识"的简单叠加，而是在对这两种知识进行有机融合的基础上拓展形成的。

2. 职前数学教师学科教学知识的建构

　　在有关 MPCK 的构成研究中，涂荣豹（2007）、李渺（2011）等都将 MPCK 分成了四个部分：（1）数学学科知识；（2）一般教学知识；（3）关于学生的知识；（4）教育技术的知识。该分类方法在数学教育界有较强的代表性，包括华中师范大学的硕士生张小青、朱龙、刘海燕在其硕士论文中都基本沿用了这种分类方法。这种分类方法打破了舒尔曼将学科知识、教学知识、学科教学知识视为教师知识中三个并列的、彼此分离的独立体的观点，把数学学科知识、一般教学知识视为数学教学知识内部的成分，虽然清晰，却难以促进学科知识与一般教学知识这两类知识间的融合，不利于发挥学科教学知识在将"学术形态"的学科知识转化为"教学形态"知识中的独特作用。因此，本研究中在对职前数学教师学科教学知识构成要素进行划分时，力图遵循舒尔曼对学科教学知识的解读，体现学科教学知识各要素间的融合性和关联性。

3. 职前数学教师学科教学知识的特点

结合职前数学教师学科教学知识的内涵，充分探究挖掘其内在特征，对于发展与深化职前数学教师的学科教学知识以及改进教育教学都有重要意义。袁维新（2005）认为学科教学知识具有建构性、整合性与转化性的特点。[①]唐泽静，陈旭远（2010）认为学科教学知识（PCK）在教师知识中居于统领性的核心地位，具有专业性、个体性、实践生成性、整合性和缄默性等特征。[②]赵晓光，马云鹏（2015）将学科教学知识的特征总结归纳为：（1）理解默会性；（2）情境生成性；（3）运作整体性；（4）个体叙述性。[③]童莉（2010）指出 MPCK 具有情境性、数学性、教学性，[④]而梅松竹（2010）等认为 MPCK除上述特征外，还具有建构性、整合性和内隐性。[⑤]整合上述研究者的观点，研究者将数学教师 MPCK 的特征总结归纳为如下四点。

（1）融合性与生成性相结合

MPCK 是由数学学科知识、一般教学法知识及有关数学学习知识等多种知识融合转化生成的。许多新手型数学教师的学科教学知识彼此之间互相割裂、缺乏关联，难以转化为促进教学的 MPCK。MPCK 难以从被动式的讲授中了解、学会并且验证，而需要教师主动地感受、理解、体验与应用，其生成过程融入了教师的个人价值观和对特定数学内容的自我理解，其应用与完善离不开与学生互动的教育教学情境。

（2）学科性与生本性相结合

MPCK 具有鲜明的学科特色，其目的是使学生更好地理解相关数学知识。因此，深入透彻地理解和内化数学学科知识，把握数学学科内容的核心内涵

① 袁维新.学科教学知识：一个教师专业发展的新视角[J].外国教育研究,2005,32(3):10-14.
② 唐泽静,陈旭远.学科教学知识视域中的教师专业发展[J].东北师大学报(哲学社会科学版),2010(5):172-177.
③ 赵晓光,马云鹏.卓越教师培养背景下的师范生学科教学知识发展[J].黑龙江高教研究,2015(2):91-93.
④ 童莉.数学教师专业发展的新视角——数学教学内容知识(MPCK)[J].数学教育学报,2010,19(2):23-26.
⑤ 梅松竹,冷平,王燕荣.数学教师 MPCK 之案例剖析[J].中学数学杂志,2010,19(11):10-12.

是将其有效转化为 MPCK 的基本前提，而教学知识则是将数学知识以学生容
易理解的表现形式传授给学生的重要条件，对学习对象已有数学知识经验和
数学认知特点的了解与把握则直接影响着 MPCK 的形成，并决定着 MPCK 在
教学中的实施效果。

（3）主观间性与客观性相结合

MPCK 是教师通过专业性的理论性学习或者在具体的情境下依靠自己的
感知和体验而主动获得的。由于它是教师在自身的认知基础上进行判断、选
择和适当重组之后的产物，所以有较大的个体差异性和一定的主观性。因此，
以梅松竹、白益民、唐泽静为代表的学者认为，诸如 MPCK 的学科教学知识
作为实践活动的产物，具有内在的"不可言说性"，不可能从他人那里"移
植"和"传递"。[1][2][3]然而，刘义兵等学者从理论的视野和实践调查出发，说
明"准个别性"和"公共性"也是学科教学知识的重要特征。[4]因此，教师自
身的教学实践、数学教学理论研究以及他人在教学实践中的间接经验都是重
要的学科教学知识，它既包含纯粹的理论性知识，也涵盖面向实践的经验性
知识。这使得学科教学知识的讲授与传递在一定程度上是现实的，也是必然
和必要的。特别是对于职前数学教师而言，既可以通过以观察学习为基本活
动的教学见习和真实情境下的教育实习来获取 MPCK，也可以通过开设数学
教育理论课程和模拟课堂教学将理论形态的显性学科教学知识理解、概括与
系统化，并在与实践的互动中内化形成具有个性特色的 MPCK。因此，职前
数学教师的学科教学知识既可以通过阅读研究文献、认真学习数学教育理论
性知识来习得，也可以在教学实践中形成和完善。

（4）建构性与实践性相结合

MPCK 是教师个体在具体的教学情境中，通过与情境的互动而建构生成

---

① 梅松竹,冷平,王燕荣.数学教师 MPCK 之案例剖析[J].中学数学杂志,2010,19(11):10-12.
② 白益民.学科教学知识初探[J].现代教育论丛,2000(4):30.
③ 唐泽静,陈旭远.学科教学知识视域中的教师专业发展[J].东北师大学报(哲学社会科学版),
   2010(5):172-177.
④ 刘义兵,郑志辉.学科教学知识再探三题[J].课程·教材·教法,2010,30(4):96-100.

的产物，其获得和生长不仅来源于理论知识的积累，更生成与发展于教学实践中的感悟与体验。MPCK 的习得与发展不能单纯地依靠"你讲我听"的接受式学习，教学实践才是其生成的土壤。当 MPCK 应用于课堂教学时，常常包含着教师对特定教学内容和学生的理解，内隐于教学实践过程之中，外化为教师显性的教学行为。因此，学科教学知识与教学行为往往保持着一种"共生"关系。对于职前教师来说，可以借助以教学设计为基本活动的模拟性实践、观察学习为基本活动的教学见习和真实情境下的教学实习等方式和平台来发展和提升自己的 MPCK 知识。

4. 职前数学教师学科教学知识的来源

在建构职前数学教师学科教学知识的结构，明晰其特点的基础上，探求职前数学教师学科教学知识的来源有助于对其进行有针对性的培养。本研究中职前数学教师学科教学知识的来源，即指职前数学教师发展学科教学知识的途径。对于在职教师的研究中，格鲁斯曼（1988，1991）列出了学科教学知识的三种来源：学徒式的观摩、教师培训和课堂经验，认为教师可以从作为学生时的求学经历、教师教育课程以及实际的教学经验中获取学科教学知识。范良火教授则认为（数学）教师获得学科教学知识的来源有三个：教师在接受正规职前培训之前作为学习者的经验、教师的职前培训经验和教师的在职经验，并将其具体细划为七个方面：作为中小学学生时的经验、职前培训、在职培训、有组织的专业活动、和同事的日常交流、阅读专业书刊以及自身的教学经验和反思。①

由于职前教育阶段是教师角色的储备形成期，系统性、专业化的理论性学习仍然是职前教师进行专业准备的重要组成部分，因此他们学科教学知识的来源显然与在职教师不完全相同。职前数学教师的学科教学知识既可以通过选修相关课程等正规化途径习得，也可以通过自身亲历教学实践来获取。

---

① 范良火.教师教学知识发展研究(第二版)[M].上海：华东师范大学出版社,2013.

不少师范生在接受师范教育期间会参与家教或在培训机构带班上课等实践活动，这对他们熟悉数学教学，完善数学学科教学知识结构大有帮助，但这方面不属于高等师范院校对准教师的职前培训，故将家教带班经验单列为一项来源。除此之外，课外自学也是职前教师数学教学知识的来源之一。故研究中将职前数学教师的学科教学知识的主要来源定为四个部分（如图 2-4 所示），即中小学求学期间的经历、高等院校的培养、家教带班经验和课外自学。

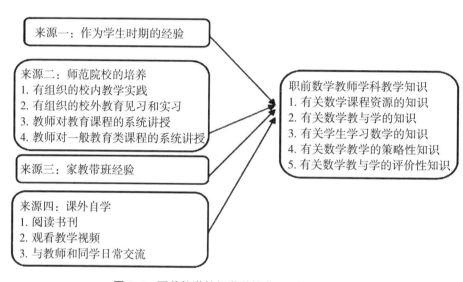

图 2-4 职前数学教师学科教学知识的主要来源

（1）作为中小学学生时的经验

这些经验大部分来自学校教育，也有可能来自家庭和其他日常生活，有人称其为"学徒式的观摩"。包括洛德在内的一些研究者认为它是教师获得教学知识极为重要的来源。范良火也认为"一个人聆听他母亲讲故事或观察一个成人如何理解一个问题的答案"这种来自日常生活的方式也同样重要，无关乎涉及知识的深浅。

（2）师范院校的培养

高等师范院校教育旨在为职前教师提供充足的教学知识和技能，以适应未来职业的需要。职前数学教师不仅需要通过学习一般教育类课程和数学教育理论课程来掌握系统的教学理论知识，也需要借助于有组织的校内教学实践与教学比赛（如有计划的听评课、微格教学以及教学技能比赛等）以及校外教育见习与实习来提高实践教学的能力。

（3）家教、带班经验

不少职前教师在大学就读期间会通过做家教或去补习辅导班带班等方式参加教学实践。而这些教学实践对他们认识教材、理解新课程、选择和应用教学方法以及理解学生有很大帮助。所以本研究将家教、带班经验也作为职前数学教师获得学科教学知识的重要来源。

（4）课外自学

在大学期间，除了学校有组织地开设相关课程以及组织教学实践外，不少职前数学教师会根据自己的实际需要（如参加教师招聘考试、撰写毕业论文、进行专题研究等），通过阅读课外书刊、观看教学视频、与老师和同学的日常交流与反思来有目的地补充和提升自己的学科教学知识。这里将这些统称为课外自学。

此外，范良火博士从芝加哥大都市区 25 所最好的高中学校中进行随机抽样所选取了 3 所学校、77 名数学教师，通过问卷调查、课堂听课和教师面谈，研究得到主要结论：从总体上说，教师"自身的教学经验和反思"以及"和同事的日常交流"是他们发展自身教学知识的最重要的来源，"在职培训"和"有组织的专业活动"也是比较重要的来源，但是相比之下，"作为学生时的经验"、"职前培训"和"阅读专业书刊"则是最不重要的来源。[①]而刘俊华通过对我国高中数学教师的 MPCK 研究，也得到职前教师专业教育是数学教师 MPCK 的次要来源。[②]这说明职前教师专业教育对数学教师 MPCK 的作用有限，这就对教师教育的课程设置及课程设置的取向提出了质疑。

综上，学科教学知识在数学教师专业发展的不同阶段有不同的表现，特别是职前数学教师学科教学知识的现状，向前可溯及职前师范教育的培养，向后则关系到教师职后的专业化发展，对其进行深入研究有现实意义和必要

---

① 范良火.教师教学知识发展研究[M].上海：华东师范大学,2003.
② 刘俊华.高中数学教师的 MPCK 发展研究[D].武汉：华中师范大学,2012.

性。然而，目前数学教师学科教学知识的研究总体上虽取得了较大进展，但绝大多数研究对象为在职教师，如 COACTIV，LMT，而职前阶段教师学科教学知识的实际状况及其发展路径的研究不论从关注度还是成果的数量、深度上来说都相对较少，并且数学学科教学知识在职前阶段的培养过程中也一直处于被忽视和被边缘化的状态，从而使得职前数学教师所拥有的学科教学知识出现缺陷。[①]

然而，数学学科教学知识的评价一直是难点问题，目前的评价工具仍有不足之处，其发展与完善还需要一个长期的过程，[②]大多数采用质性研究，缺乏可用于大样本测量、有效度及信度都良好的测量工具（黄友初，2014）。我国国内大多是对个案教师的 PCK 进行质的描述，如较多地利用课堂观察实录或者访谈等方法来探究教师的 PCK 水平，难以客观真实地反映当前数学教师 MPCK 的现状；已有 MPCK 的学科特点不足，忽视微观和中观层面的研究，[③]在研究内容上较多关注在职教师 MPCK 的发展，而对职前数学教师学科教学知识的研究并不多，[④⑤]这一现象在学者胡典顺（2012），钱海锋（2016）的研究中都有过阐述。基于职前数学教师学科教学知识的评价大多数停留于主观经验层面，缺少相应的实证数据支撑，仍属于学科教学知识中的薄弱环节，亟待开发有效的评价工具并进行相应的实证研究的现状，本研究拟从静态分析出发，对职前数学教师学科教学知识的构成进行研究，从动态分析出发，对学科教学知识的生成与影响因素进行剖析，并探求发展职前数学教师学科教学知识的有效策略，为我国正在进行的职前数学教师培养的改革提供一定的实证数据和理论支撑。

MPCK 的本质特点是实践性，职前阶段实践经验的不足被认为是当前职

① 廖冬发.数学教师学科教学知识结构缺陷与完善途径的研究[D].重庆:西南大学,2010.
② 陈碧芬,张维忠.数学教学知识评价工具评介及启示[J].浙江师范大学学报(社会科学版),2014,39(4):97–101.
③ 傅敏,丁亥福赛.数学教师教学知识研究:进展、问题及走向[J].宁波大学学报(教育科学版),2009,31(6):15–19.
④ 陈子蕾,胡典顺,何穗.中国目前 MPCK 研究综述[J].数学教育学报,2012,21(5):15–18.
⑤ 钱海锋,姜涛.职前教师学科教学知识发展:一种系统的视角[J].教育评论,2016(6):122–126.

前数学教师学科教学知识的研究较少的重要原因。但是，学科教学知识具有一定的"公共性"和可传递性。对于职前数学教师而言，不仅可以通过数学教学论、数学解题研究等教育理论课程的开设将"学术形态"转化为"教学形态"的知识，而且可以通过以教学设计为基本活动的模拟性实践、观察学习为基本活动的教学实习和真实情境下的教学实习来获取部分 MPCK。同时，在《教育部关于大力推进教师教育课程改革的意见》（教师〔2011〕6 号）中，也强调创新教师培养模式、强化实践环节，教育实践课程不少于一个学期，在学科教学中，则要注重培养师范生对学科知识的理解和学科思想的感悟，充分利用模拟课堂、现场教学、情境教学、案例分析等多样化的教学方式，这都为职前数学教师学科教学能力的发展创造了有利条件。[①]在《中学教师专业标准（试行）》（教师〔2012〕1 号）中，对学科教学知识提出了明确要求，而这也是职前数学教师入职时在学科教学知识方面需要达到的基本标准。这些都为职前数学教师学科教学知识的发展以及研究提供了重要的保障。

---

① 中华人民共和国教育部. 关于大力推进教师教育课程改革的意见：教师〔2011〕6 号［A/OL］.（2011-10-19）［2018-3-30］.http://www.moe.gov.cn/srcsite/A10/s6991/201110/t20111008_145604.html.

三、研究方法与过程

本论文主要采用文献研究法、德尔菲法、问卷调查法、访谈法等研究方法来进行问题的研究与讨论。

（一）研究方法

1. 文献研究法

文献研究法是查阅、分析、整理有关文献来全面地掌握所要研究问题的研究方法。本研究查阅的文献主要有以下三类：（1）与本论文相关的国内外著作；（2）通过中国知网（CNKI）输入关键字"学科教学知识""MPCK""职前数学教师学科教学知识""职前数学教师的培养"检索到的国内 2001 至 2018 年发表的学术期刊论文和硕博论文（为保证研究的质量和有效度，期刊论文多来自 CSSCI，只有少部分下载与引用率较高的非核心刊物）；（3）《中学教师专业标准（试行）》《教师教育课程标准》《教师资格考试标准与大纲》；（4）国内有代表性的 9 所高师院校（大学）数学与应用数学专业（师范类）本科培养方案。从学校类别来看，9 所院校中包括部属院校 4 所，省部共建院校 2 所，省属院校 3 所。这些不同层次的高校分布在我国的东、中、西部地区，在一定的程度上能够客观显现我国众多高师院校培养数学与应用数学专业（师范类）的实际状况。通过分析整理国内外教师 PCK 和

MPCK 的相关文献以及教师专业标准、教师教育课程标准等文本文件，为职前数学教师学科教学知识体系的建构奠定理论基础；通过对这些不同类别院校的培养目标、课程结构、课程设置等文本文件的分析，能够为对探求职前数学教师学科教学知识的影响因素以及提升数学教师数学教学知识的措施等提供支撑依据。

2. 德尔菲法

德尔菲法（Delphi Method），又名专家意见法，是在 20 世纪 40 年代由 O.赫尔姆和 N.达尔克首创，经过 T.J.戈尔登和兰德公司进一步发展而成。1946 年，兰德公司首次将这种方法用来进行预测，后来该方法被迅速广泛采用。德尔菲法通过多轮次调查专家对问卷所提问题的看法，经过反复征询、归纳、修改，最后汇总成专家基本一致的看法，作为预测的结果。本文主体部分第四部分"职前数学教师学科教学知识体系的构建"主要运用德尔菲法来完成。研究者旨在采用德尔菲法对研究者所构建的学科教学知识体系进行咨询，希望专家能够从各自不同的学科背景和视角出发，关于体系中各个构成要素对职前教师学科教学知识上的重要程度给出专业的判断，改进和完善职前数学教师学科教学知识体系，提升研究的效度。

专家选择是影响德尔菲法研究结果质量的关键因素之一。在研究中甄选的 36 位专家主要包括以下 3 类：①在职前数学教师的培养和管理方面具有丰富经验的数学学科专家 8 名；②从事职前数学教师学科教学知识的培养与评价，并在该领域研究成果中有一定影响力的高校教师或教研员 19 名，其中包括 9 位熟悉教师教育课程并直接参与国家教师资格考试命题的国内著名数学教育专家；③教龄在 10 年以上，数学教学成绩突出，科研成果丰富，职称为中学高级及以上的中学专家型教师 9 名，其中不少是省级或市级骨干教师（包含杭州市优秀教师 1 名，陇原名师 2 名，山西省骨干教师 1 名）。调查的专家来自甘肃、广东、广西、河南、山西、陕西、浙江等多个省区，具有一定的代表性。受访专家基本情况如表 3-1 所示。文森特·W·米切尔（VincentW.Mitchell）认为德尔菲法中专家人数达到 13 人以上，误差降幅不明显[1]，苏捷斯（2010）在其研究中也认为，德尔菲法中专家人数的建议为10~50，15 人以上的专家组得出的结果具有足够可信度[2]。因此本研究符合要求。36 位专家均参与过职前数学教师学科教学知识的实践或研究，其中，来自中学的专家型教师尽管研究相对薄弱，但他们对新入职教师的学科教学知识在实践方面的应用与体会有自己独特的见解。

表 3-1　德尔菲法受访专家基本情况表

人口学信息变量		频数	有效百分比（%）	分析说明
性别	男	20	55.6	调查对象男女比例与当前专家结构的性别比例基本相符
	女	16	44.4	
教龄	11~20 年	11	30.6	调查对象的教龄均超过 10 年，具有丰富的教学经验
	21~30 年	19	52.8	
	30 年以上	6	16.6	
学历	本科	11	30.6	调查对象中具有研究生学历的占绝大多数
	硕士	5	13.9	
	博士	20	55.5	
职称	高级（中高/正副教授/正副教研员）	36	100	调查对象均具有高级职称
单位类别	高等院校	25	69.4	调查对象中中学教师的比例占 1/4，其余均为高校教师以及教研部门教研员
	教研部门	2	5.6	
	中学	9	25	
学科背景	数学	8	22.2	调查对象以数学教育背景的专家为主体，为保证观点的全面化以及视角的多样化，有意识地选择了一些数学学科专家参与研究
	数学教育	28	77.8	

① 武丽志,吴甜甜.教师远程培训效果评估指标体系构建——基于德尔菲法的研究[J].开放教育研究,2014,20(5):91-101.
② 苏捷斯.基于德尔菲法的国际金融中学评价指标体系构建[J].科技管理研究,2010(12):60-62.

本次调查时间为 2017 年 1 月、2017 年 3 月，采用直接发放和以问卷星为平台的网络发放相结合的方式，先后两次分别向专家发放《职前数学教师学科教学知识体系（德尔菲法第一轮问卷）》和《职前数学教师学科教学知识体系（德尔菲法第二轮问卷）》，剔除空白或无效问卷，最终用作分析的样本共有 36 份。经过两轮意见征询和修订，专家意见趋于集中，最后由研究者汇总研究结果，拟定了职前数学教师学科教学知识体系。

3. 问卷调查法

对职前数学教师的学科教学知识进行调查，旨在了解我国职前数学教师学科教学知识的现状和来源，影响其形成与发展的因素及专业发展需求等。在调查中共发放问卷 660 份，剔除不答、错答等无效问卷后，最终回收有效问卷 599 份，有效率为 90.8%。本次调查时间为 2017 年 4 月—5 月。

（1）研究对象的确立

本研究中职前数学教师主要为在各级各类不同层次师范院校中完成了包括教育实习在内的所有数学教师教育类课程的学习，即将走向教学岗位的数学师范类专业的本科毕业生。考虑到样本选取的地域代表性、学校的层次性以及具体实施的方便性，调查采用随机分层抽样的方法，选取了东部地区的上海市和广东省以及西北地区的陕西省、甘肃省的 6 所高等师范院校即将毕业的数学师范生进行调查，其中东、西部地区均选择教育部直属师范大学、省部共建师范大学、省属地方高师院校各 1 所。而在研究中所选取的省部共建师范大学与省属一般高校的主要差别在于：前者具有多年培养本科师范生的历史，在数学教育方面实力雄厚，并拥有该学科的硕士点和博士点；后者则均是 2000 年从专科升格为本科，培养本科师范生的历史比较短的院校。调查对象覆盖面广，具有一定的代表性。具体分布如表 3-2、3-3 所示。

表 3-2　受测职前数学教师所属高师院校的基本情况表

（单位：个）

院校类型	院校数	职前数学教师数
部属院校	2	207

续表

院校类型	院校数	职前数学教师数
省部共建师院校	2	189
省属一般院校	2	203
合计	6	599

表 3-3　职前数学教师学科教学知识现状调查对象基本情况表

人口学信息变量		频数	有效百分比（%）
性别	男	151	25.2
	女	488	74.8
学校所属区域	东部地区	288	48.1
	西部地区	311	51.9
学校类型	部属院校	207	34.6
	省部共建院校	189	31.5
	省属一般院校	203	33.9

（2）研究工具的制定

《职前数学教师学科教学知识调查问卷》主要包括简介、填写说明、研究对象的人口统计变量（含性别、所在学校区域、所在学校类别、所在学校名称），以及问卷的主体。问卷的主体主要包括三个部分：职前数学教师学科教学知识各构成要素的现状调查、职前数学教师学科教学知识来源途径的现状调查以及职前数学教师学科教学知识发展状况（影响因素、发展需求及困难）。下面对问卷的主体构成进行详细说明。

职前数学教师学科教学知识各构成要素的现状调查主要是以前期通过德菲尔法确定的职前数学教师学科教学知识体系为基础而形成的 42 个测试题，职前数学教师结合自己的实际情况，对自己对某项知识的具备程度做出评价，具备程度均借鉴李克特量表（LikertScale）的计分方式进行计算，选项从很不具备—很具备赋值为 1~5 分，即很不具备为 1 分、较不具备为 2 分、一般具备为 3 分、比较具备为 4 分、很具备为 5 分。得分分值越高，说明职前数学教师认为自己对这一知识的具备程度越高。此外，问卷第三部分的第 3、7、12 题也均是考查职前数学教师学科教学知识的现状。

职前数学教师学科教学知识的来源，主要体现在问卷中第三部分第 1 题，它是依据前期文献的总结和研究者的访谈，确定为四大主渠道，并将其细化为九个主要途径，该题目也采用五级量表，根据职前数学教师对学科教学知识来源的各项选择，从"很大"、"较大"、"一般"、"很少"到"没有"依次给予 4 分、3 分、2 分、1 分和 0 分。得分分值越高，表明职前数学教师认为该来源对其获得学科教学知识的帮助越大。此外，问卷第三部分的第 10 题则主要考查在职前教师实习期间所使用的教学策略的主要来源。

职前数学教师学科教学知识的影响因素则主要是通过问卷第三部分的第 2、4、5、6、11、13 题来进行考察。问卷第三部分的第 8、9 题则主要考察在当前国家教师资格考试改革的背景下，职前教师对教师入职资格和教师专业标准的关注程度。

(3) 研究工具的信度与区分度分析

问卷中职前数学教师学科教学知识各构成要素的现状调查（包括职前数学教师的具备程度以及职前数学教师学科教学知识来源途径的现状调查）是本研究的核心所在，其可靠性直接关系到研究的真实性和有效性。就问卷整体信度指标而言，在社会科学领域中类似李克特量表的信度估计采用最多者为克隆巴赫（Cronbachα）系数，又称为内部一致性 α 系数（以下简称 α 系数）。调查结束后对这两部分问卷的相关结果运用 SPSS19.0 进行统计分析，并采用克伦巴赫 α 系数对问卷的信度进行了检验和分析，运用 Pearson 相关系数对十个领域与各自题目之间的关系进行分析。

以下就本研究中的问卷进行项目分析和信度检验。

①问卷内部一致性的信度分析

➤基于具备程度的职前数学教师学科教学知识指标体系

问卷数据分析显示，问卷的五大维度十个领域都控制在 0.632~0.904 之间，说明问卷的内部一致性较好，问卷具有较好的信度。职前数学教师学科教学知识各构成要素的现状调查（具备程度）的整体信度为 0.910。具体见表 3-4。

表 3–4　职前数学教师学科教学知识体系内部一致性分析结果

项　目	克伦巴赫 α 系数	内部一致性信度	
		Cronbach's Alpha	基于标准化项的 Cronbach Alpha
十个领域	A1 关于数学课程标准的知识	0.731	0.732
	A2 关于数学教材及相应教学辅助性资源的知识	0.669	0.671
	B1 有关数学课程内容的纵向结构知识	0.731	0.732
	B2 有关数学课程内容的横向结构知识	0.632	0.632
	C1 关于学生学习数学方面的准备知识	0.727	0.726
	C2 关于学生学习困难的知识	0.667	0.669
	D1 有关数学教学设计的知识	0.801	0.803
	D2 有关数学教学组织与实施的知识	0.788	0.788
	E1 对数学教学进行评价与诊断的知识	0.737	0.739
	E2 对学生数学学习进行评价与诊断的知识	0.706	0.708
五大维度	A 关于数学课程资源的知识	0.798	0.800
	B 关于数学课程内容的知识	0.753	0.754
	C 关于数学学习心理的知识	0.774	0.774
	D 关于数学教学策略的知识	0.873	0.904
	E 关于数学教与学的评价性知识	0.816	0.818
基于具备程度的职前数学教师学科教学知识评估指标体系整体信度		0.905	0.910

➤ 职前数学教师学科教学知识的主要来源途径的相关调查

将职前数学教师学科教学知识的九个主要途径看作九个不同的维度，对其进行有效度分析，得到其整体信度为 0.709，说明该问卷的内部一致性较好。

②问卷项目的区分度

职前数学教师学科教学知识调查共回收有效问卷 599 份，采用SPSS19.0

进行统计分析，通过计算每个题目与各自领域得分的相关系数，来测量问卷的项目区分度。采用 Pearson 相关系数对十个领域与各自题目之间的关系进行分析，统计相关数据表明，所有题目区分度均在 0.952~0.512 之间，说明各项目区分度较好。

● **基于具备程度的职前数学教师学科教学知识指标体系**

表 3–5　关于数学课程资源的知识与其两个领域之间的相关系数

维度	A1 关于数学课程标准的知识	A2 关于数学教材及相应教学辅助性资源的知识
A 关于数学课程资源的知识	0.871**	0.908**

表 3–5 的数据表明，关于数学课程资源的知识与其两个领域之间的相关系数在 0.871~0.908 之间，均达到了 0.01 显著水平，即关于数学课程标准的知识、关于数学教材及相应教学辅助性资源的知识与关于数学课程资源的知识之间存在着显著正相关关系。

表 3–6　关于数学课程内容的知识与其两个领域之间的相关系数

维度	B1 有关数学课程内容的纵向结构知识	B2 有关数学课程内容的横向结构知识
B 关于数学课程内容的知识	0.925**	0.825**

表 3–6 的数据表明，关于数学课程内容的知识与其两个领域之间的相关系数在 0.825~0.925 之间，均达到了 0.01 显著水平，即关于数学课程内容的纵向结构知识、关于数学课程内容的横向结构知识与关于数学课程内容的知识之间存在着显著正相关关系。

表 3–7　关于学生学习数学的知识与其两个领域之间的相关系数

维度	C1 关于学生学习数学方面的准备知识	C2 关于学生学习困难的知识
C 关于数学学习心理的知识	0.931**	0.912**

表 3-7 的数据表明，关于学生学习数学的知识与其两个领域之间的相关系数在 0.912~0.931 之间，均达到了 0.01 显著水平，即关于学生学习数学方面的准备知识、关于学生学习困难的知识与关于学生学习数学的知识之间存在着显著正相关关系。

表 3-8　关于数学教学的策略性知识与其两个领域之间的相关系数

维度	D1 有关数学教学设计的知识	D2 有关数学教学组织与实施的知识
D 关于数学教学策略的知识	0.922**	0.797**

表 3-8 的数据表明，关于数学教学的策略性知识与其两个领域之间的相关系数在 0.797~0.922 之间，均达到了 0.01 显著水平，即有关数学教学设计的知识、有关数学教学组织与实施的知识与关于数学教学的策略性知识之间存在着显著正相关关系。

表 3-9　关于数学教与学的评价性知识与其两个领域之间的相关系数

维度	E1 对数学教学进行评价与诊断的知识	E2 对学生数学学习进行评价与诊断的知识
E 关于数学教与学的评价性知识	0.512**	0.903**

表 3-9 的数据表明，关于数学教与学的评价性知识与其两个领域之间的相关系数在 0.512~0.903 之间，均达到了 0.01 显著水平，即对数学教学进行评价与诊断的知识、对学生数学学习进行评价与诊断的知识与关于数学教与学的评价性知识之间存在着显著正相关关系。

表 3-10　职前数学教师学科教学知识体系与其五个维度之间的相关系数

	A	B	C	D	E
职前数学教师学科教学知识评估指标体系	0.809**	0.835**	0.837**	0.865**	0.836**

表 3-10 数据表明，基于具备程度的职前数学教师学科教学知识体系与其五个维度之间的相关系数在 0.809~0.865 之间，均达到了 0.01 显著水平，即

关于数学课程资源的知识、关于数学课程内容的知识、关于数学学习心理的知识、关于数学教学策略的知识、关于数学教与学的评价性知识与基于具备程度的职前数学教师学科教学知识评估之间存在着显著正相关关系。这说明五大维度区分度较好。

4. 访谈法

(1) 专家访谈

根据前期文献研究，编制"专家访谈提纲"。在对专家进行问卷调查的基础上，在征得同意的前提下，对其中的 8 名专家进行了半结构式访谈，访谈目的主要有 3 个：对构建的职前数学教师学科教学知识体系征询意见和建议、深入了解职前教师或新入职教师在学科教学中存在的薄弱之处、寻求更有效发展职前数学教师学科教学知识的策略。有关访谈专家的具体情况见表 3-11。

表 3-11　受访专家基本信息表

专家	性别	教龄	学历	所属单位	基本情况介绍
GXZJ-L	男	34	博士	甘肃某师范大学	教授、博导、全国教师教育课程资源专家委员会委员，国家数学课程标准研制组核心成员，从事数学课程与教学论、数学教育史、教师教育等专业领域的教学与研究
GXZJ-T	男	15	博士	广西某师范大学	教授、硕导、全国教师教育课程资源专家委员会委员，从事数学教学、数学教育技术、数学教育心理学的研究
GXZJ-Z	女	23	硕士	广东某师范学院	副教授，从事数学史、数学课程与教学论研究，并担任过中学数学教师，在指导数学师范生教学技能训练方面有丰富的经验
GXZJ-C	男	25	硕士	陕西某师范学院	教授、从事数学教育、数学解题以及数学文化方面的研究
GXZJ-F	女	12	博士	广东某师范学院	数学教授、负责管理数学师范类专业的教学与实习工作
ZXZJ-X	男	36	本科	兰州市某中学	数学正高级教师、甘肃省特级教师、学科带头人、省级陇原名师、市级金城名师

续表

专家	性别	教龄	学历	所属单位	基本情况介绍
ZXZJ-B	女	13	本科	山西某重点中学	数学高级教师、省骨干教师、县级首批首席教师、晋中市学科带头人
ZXZJ-Y	女	13	本科	杭州某中学	中学高级教师、杭州拱墅区学科带头人、拱墅区十佳教师，区红石奖先进教育工作者

研究者以"专家来源+专家+专家姓氏"为代码，来指代接受访谈的专家，并对其相关的访谈材料进行归类。如"ZXZJ-X"表示来自中学的专家型教师谢老师，而"GXZJ-C"表示来自高校的专家陈老师。

（2）职前数学教师访谈

在实地考察中，随机选取 30 名职前数学教师进行访谈，以了解职前数学教师对学科教学知识的理解程度、教学行为背后的深层次原因以及从学生的角度来看，当前学科教学知识的培养问题以及针对性的建议，以弥补问卷调查的不足。基于访谈样本量不大，研究者对职前数学教师用"S"代码表示，按照访谈的先后顺序进行编码，分别用 S1、S2、S3……S30 来指代职前教师，并对相关的材料进行归类。研究方法如图 3-1 所示。

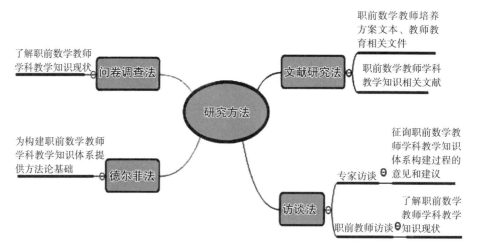

图 3-1 论文研究方法

（二）研究过程

本研究总的问题是"职前数学教师应该具有怎样的学科教学知识？应该采取什么策略来提升我国职前数学教师的学科教学知识?"。首先，在对数学教师学科教学知识的相关文献进行研究和征询专家意见的基础上，构建职前数学教师学科教学知识指标体系；其次，以研究者所构建的职前数学教师学科教学知识指标体系为基础，编制"职前数学教师学科教学知识问卷"来调查测试职前数学教师对学科教学知识各项指标的"具备程度"，以此来分析职前数学教师学科教学知识的现状；最后，根据专家访谈的应然状态以及实证调查的实然状态所存在的差距，针对性地提出发展我国职前数学教师学科教学知识的策略。

具体来说，依据研究问题的需要，本研究主要分为以下四个研究阶段。

第一阶段：建构职前数学教师学科教学知识体系

该阶段研究工作分为四个环节：（1）初步确定职前数学教师学科教学知识体系的框架，该环节的主要工作有界定职前数学教师学科教学知识的概念，并根据学科教学知识在职前阶段所呈现出的特点来建构其构成要素；（2）设置职前数学教师学科教学知识体系的具体指标，该环节的主要工作有根据学科教学知识的构成要素，设置具体的一级指标和二级指标，并对各个指标体系的设置给出依据和理由；（3）运用德尔菲法对初步制定的职前数学教师学科教学知识体系的各项具体指标进行筛选与修正；（4）对职前数学学科教学知识进行确定与阐释。

第二阶段：实证调查

以前期通过德尔菲法确定的职前数学教师学科教学知识体系为基础，制定职前数学教师学科教学知识调查问卷，对职前数学教师学科教学知识的整体状况、形成机制及其来源、影响因素进行实证研究。

第三阶段：制定针对性措施

基于职前数学教师学科教学知识的实际状况，结合职前数学教师学科教学知识的来源、形成机制以及影响因素，为高师院校培养机构提出针对性措施。

第四阶段：揭示启示

探讨职前数学教师学科教学知识的研究对发展职前数学教师学科教学知识和完善国家教师资格考试的启示。

（三）论文结构

本研究论文结构主要包括七个部分：

第一部分：问题的提出。阐述了问题提出的背景和意义，界定了本研究的范围和有关概念，表述了研究的问题。

第二部分：文献综述。对学科教学知识、数学教学知识、职前数学教师培养现状等相关研究进行梳理与评述，明确了研究的理论基础。

第三部分：研究方法与过程。阐述了本研究所用的研究方法以及具体的研究思路与过程。

第四部分：职前数学教师学科教学知识体系的构建。依据职前数学教师学科教学知识体系的框架设计、指标设置、筛选与修正、确定与阐释四个步骤，构建了职前数学教师学科教学知识体系及其结构模型，并给出了专家视角下学科教学知识各维度内容对职前数学教师的重要程度。本部分内容是对"研究问题1：职前数学教师需要具备什么样的学科教学知识"的回答。

第五部分：职前数学教师学科教学知识现状的调查与分析。本部分主要运用调查问卷法、访谈法、文献研究法，分析了职前数学教师学科教学知识的具备状况、不同背景变量职前数学教师在学科教学知识总体具备程度上的差异和职前数学教师学科教学知识的来源、形成机制及其影响因素。本部分内容是对"研究问题2：职前数学教师目前拥有的学科教学知识如何"的回答。

第六部分：培养发展职前数学教师学科教学知识的策略。结合第四、第五部分的研究结果，有针对性地提出了发展职前数学教师学科教学知识的措施。本部分内容是对"研究问题 3：如何发展我国职前数学教师学科教学知识"的回答。

第七部分：研究结论与启示。针对研究结论，探讨了本研究对发展职前数学教师学科教学知识和完善国家教师资格考试的启示。

第四、五、六部分是本研究的结果，分别回答了所提出的三个问题。

论文结构用框架图表示如下：

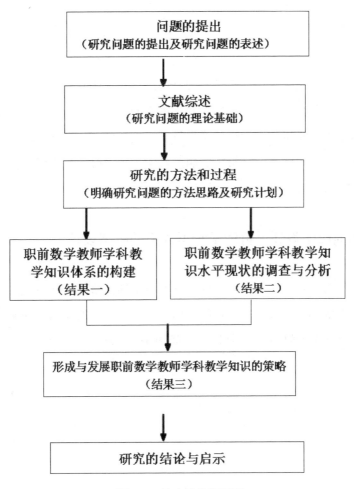

图 3-2　论文结构框架图

四、职前数学教师学科教学知识体系的构建

本部分首先确定了职前数学教师学科教学知识体系的框架，在此基础上初步设置了职前数学教师学科教学知识体系的具体指标，然后通过德尔菲法对职前数学教师学科教学知识体系进行了筛选和修正，最终构建了职前数学教师学科教学知识体系，并给出了职前数学教师学科教学知识结构模型，对相应指标进行了具体阐释。

（一）职前数学教师学科教学知识体系的框架设计

马格努森、克劳锡克和波柯认为学科教学知识由五部分知识构成：①关于教学观念的知识；②关于课程的知识；③关于学生的知识；④关于学业评价的知识；⑤关于教学策略的知识。[①]如图4-1所示。

---

①　朱旭东.教师专业发展理论研究[M].北京:北京师范大学出版社,2011.

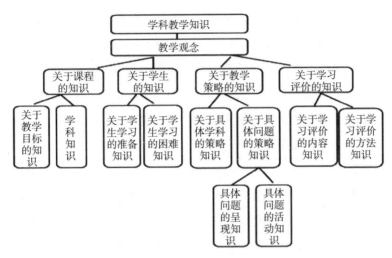

图4-1　马格努森的学科教学知识构成

范良火（2003年）在其著作《教师教学知识发展研究》中以美国NCTM的《数学教师职业标准》有关教师教学知识的组成构建了教师教学知识的结构。（1）教学的课程知识是指关于包括技术在内的教学材料和资源的知识。它主要包括教材的知识（泛指教学材料）、技术的知识、其他教学资源的知识。其中技术的知识是指关于技术本身的知识和关于在教学中如何使用技术的知识，范良火教授认为这两者紧密联系难以分开，而其他教学资源的知识则是指关于如何在教学中使用"教辅实物材料"的知识。（2）教学的内容知识是指关于表达数学概念和过程的方式的知识，其中包括"方式"是什么的知识以及从教学的角度怎样选择方式的知识。（3）教学的方法知识是指关于教学策略和课堂组织模式的知识。[①]

根据核心概念的界定，本研究中的职前数学教师为即将毕业的数学师范专业本科生。考虑到我国目前数学师范类本科生的培养目标仍以中学数学教师为主体，故研究中以能够胜任中学数学教学的初入职数学教师所应该具有的学科教学知识为基本前提来进行建构。

---

① 范良火.教师教学知识发展研究(第二版)[M].上海:华东师范大学出版社,2013.

　　研究者以马格努森、吕老锡克和波柯对学科教学知识的分类为理论基础，结合 2012 年颁布的《中学教师专业标准（试行）》中对教师学科教学知识提出的四个基本要求：掌握所教学科的课程标准；掌握所教学科课程资源开发与校本课程开发的主要方法与策略；了解中学生在学习具体学科内容时的认知特点；掌握针对具体学科内容进行教学和研究性学习的方法与策略。将数学教师应具备的学科教学知识概括为六个方面：关于数学教学观念的知识、关于数学课程资源的知识、关于数学课程内容的知识、关于学生数学学习的知识、关于数学教学的策略性知识以及关于数学教与学的评价性知识。特别需要说明的是，本研究中的数学课程内容知识主要是指与中小学数学课程中的数学知识密切相关的数学思想方法、背景性知识等，而不将具体的数学学科知识点纳入职前数学学科教学知识的研究范畴。

　　值得说明的是，数学教学观念对教师实施教学具有指导和引领作用，是数学教师 MPCK 的重要组成部分。但考虑到职前数学教师在学科专业课程的学习中，多聚焦于数学学科知识内容的理解，而对数学认识论和方法论的内容涉及较少，缺乏学科认识论层面的思考，几乎没有形成统领性的学科观念，而李渺（2007）也通过实证研究发现职前数学教师的数学教学观念具有潜意识性、表面性以及不确定性等特点①。因此，本研究中暂不把关于数学教学观念的知识纳入职前数学教师的学科教学知识体系中。

　　基于此，本研究认为职前数学教师的学科教学知识体系是其基于数学课程的知识（本体性知识）和数学教学的策略性知识（条件性知识），在实际教学中依据学生的知识而生成的，促进教学效果最优化的知识体系。为了对教师的教和学生的学的效果进行科学的诊断和改进，关于数学教与学的评价性知识也成为职前数学教师学科教学知识体系中非常重要的组成部分。其中，数学课程资源的知识回答了教学中"用什么教"的问题，数学课程内容知识主要服务于"教什么"的问题，学生数学学习的知识则突出了"教给谁"的

---

① 李渺.教师的理性追求——数学教师的知识对数学教学的影响研究[D].南京:南京师范大学，2007.

问题，数学教学的策略性知识聚焦"怎么教"，而数学教与学的评价性知识则解决了"教得如何""学得如何"的标准和依据的问题。因此，本研究初步设定职前数学教师学科教学知识体系的框架为：关于数学课程资源的知识、数学课程内容的知识、学生数学学习的知识、数学教学的策略性知识、数学教与学的评价性知识，这些要素间彼此相互独立，又联系紧密，不可分割。

1. 关于数学课程资源的知识

数学课程资源是为了使学生更容易地理解所教授的数学内容，而有效地运用于数学教与学的资源，在《义务教育数学课程标准（2011 年版）》中将数学课程资源主要界定为文本资源、信息技术资源（如网络、数学软件、多媒体光盘等）、社会教育资源、环境与工具（如操作的学具与工具、数学实验室等）、生成性资源等，其旨在解决"用什么来教"的问题。由于职前数学教师教学实践经验和人生阅历还不够充分，故社会教育资源和生成性资源对职前数学教师并非必备。因此，职前数学教师的数学课程资源以文本资源、信息技术资源、环境与工具资源为主要研究内容。

2. 关于数学课程内容的知识

数学课程内容的知识聚焦"教什么"，旨在深化教师对数学知识内容的理解，以有效达成教学目标。数学课程内容知识虽与数学学科知识密不可分，但其没有局限于具体的数学概念、规则、内容等学科知识本身，而是从教学的角度出发，更关注数学学科知识从哪里来、如何被建立，更关注学科的性质与相应内容的结构体系、数学内容产生的必要性及其在学科内部和社会实践中的价值，这些均有助于教师从更高的观点认识和理解教学内容，更深入地挖掘出隐藏在概念、定理背后的深刻思想内涵，更全面地认识教学内容的地位、属性、前后联系等。数学课程内容知识难以在系统学习数学知识的基础上自然形成，往往需要有意识地进行专业化的训练与学习。而这往往是师范院校数学系所开设的特色化课程，因此本研究将它作为职前数学教师学科教学知识的重要组成部分。

3. 关于学生数学学习的知识

有关学生数学学习的知识是学科教学知识的核心成分，聚焦"教给谁"，旨在精准地把握学生在学习数学过程中的思维特点，预测学生学习某具体内容时可能遇到的困难以及可能出现的错误，明晰学生在学习这个主题之前在知识、技能、概念等方面的准备状况以及诊断学生的数学学习困难是何种原因造成等。它是教师实施教学、合理地进行教学决策的前提。有关学生数学学习的知识可以帮助教师将所教的数学知识按照学生的学习特点重新组织，以适合学生理解的方式予以表征，从而使学生更好地掌握学科知识。反之，如果缺乏学生数学学习的知识，对学生了解不够，教师在教学中往往会事倍功半。

4. 关于数学教学的策略性知识

数学教学的策略性知识聚焦"怎样教"，是指在教学中如何有效地建构和呈现数学内容以及在具体教学情况下如何有效地组织实施教学设计的知识。它是数学师范生专业知识结构中最具有"师范"特色的知识，具有一定的数学教学策略性知识是职前数学教师进行数学教学的前提。在日常的教学中，同样的内容，但不同教师的授课，教学效果差别很大，而授课教师拥有的数学教学策略性知识是造成这一结果的最重要的原因之一。在新一轮数学课程改革中，在数学教学中不仅要重视知识的教授，更要注重数学思想方法的渗透和学生数学情感、价值、价值观的生成，因此对数学教学的有效性提出了更高要求。基于此，发展教师的数学教学策略性知识便成为教师学科教学知识非常重要的核心知识。而如何设置教学目标、组织教学内容、创设教学情境等都属于数学教学策略的知识。

5. 关于数学教与学的评价性知识

数学教与学的评价性知识聚焦"教得怎么样""学得如何"。基于教师在教学中进行决策需要准确、充分的依据和信息的支持，因此旨在对教师的教与学进行科学评估与诊断的评价性知识便成为教师学科教学知识结构中不可缺少的组成部分。但目前无论是职前还是在职教育，教师评价素养的养成都尚未受到应有的重视①，且包括范良火、黄毅英、李渺在内的研究者在对数学教师学科教学知识构成的研究中，均没把有关教与学的评价性知识作为学科教学知识的构成部分加以强调。鉴于我国近年来对于教师的教学评价知识日益重视。教育部于2011年颁布的《教师教育课程标准（试行）》中明确指出："（教师要）了解课堂评价的理论与技术，学会通过评价改进教学与促进学生学习②"，且在后续出台的《中学教师专业标准（试行）》中也对教师的教育教学评价能力提出了明确要求：①利用评价工具，掌握多元评价方法，多视角、全过程评价学生发展；②引导学生进行自我评价；③自我评价教育教学效果，及时调整和改进教育教学工作③。并且基于评价是课程成为一种专业的重要标志，即我们何以知道预设的目标已经达成，何以清晰地知道学生学会了什么④，美国评价专家波帕姆（Popham，W.J.）指出：如果教师缺乏评价素养，则意味着专业自杀⑤。因此，本研究将数学教与学的评价性知识作为职前数学教师学科教学知识的重要组成部分，纳入了职前数学教师学科教学知识体系。故利用评价性知识对教师的教与学生的学提供准确而恰当的评估和反馈，有助于进行后续的教学决策。

① 周文叶,周淑淇.教师评价素养:教师专业标准比较的视角[J].比较教育研究,2013(6):62-66.
② 中华人民共和国教育部.关于大力推进教师教育课程改革的意见:教师〔2011〕6号[A/OL].(2011-10-19)[2018-3-30].http://www.moe.gov.cn/srcsite/A10/s6991/201110/t20111008_145604.html.
③ 中华人民共和国教育部.关于印发《幼儿园教师专业标准（试行）》《小学教师专业标准（试行）》和《中学教师专业标准（试行）》的通知:教师〔2012〕1号[A/OL].(2012-09-13)[2018-3-30].http://www.moe.gov.cn/srcsite/A10/s6991/201209/t20120913_145603.html.
④ 崔允漷,夏雪梅."教—学—评—致性":意义与含义[J].中小学管理,2013(1):4-6.
⑤ Popham,W.J.Why Assessment illiteracy is Professional suicide [J].Educational Leadershio,2004,62(1):82-83.

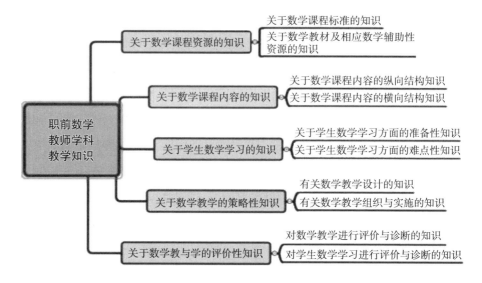

图 4-2　职前数学教师学科教学知识结构

（二）职前数学教师学科教学知识体系的指标设置

在职前数学教师学科教学知识体系框架确定后，本研究在综合他人研究成果和专家调查的基础上，并结合《教师教育课程标准（试行）》、《中学教师专业标准（试行）》、《中小学和幼儿园教学资格考试准（试行）》、《数学学科知识与教学能力大纲》等文件对职前数学教师以及新入职教师的要求，初步构建了包含 5 个维度、11 个一级指标、47 个二级指标的职前数学教师学科教学知识体系。一级、二级指标项的设计是基于研究者的认识对 5 个维度的逐步细化，目的是为实际测试提供具体依据和观察点。

1. 关于数学课程资源的知识

关于数学课程资源的知识是职前数学教师开展数学教学的基础。关于数学课程资源的知识依其表现形式，自上而下主要包括关于数学课程标准的知识、关于数学教材的知识以及有关信息技术及实物材料等教学辅助性资源的知识，其具体指标设置如表 4-1 所示。

表 4-1　关于数学课程资源知识的指标体系

对应维度	一级指标	二级指标
A 关于数学课程资源的知识	A1 关于数学课程标准的知识	A11 课程标准的内涵及功能
		A12 课程标准中有关数学课程性质的定位及其表述
		A13 课程标准中有关数学课程理念的表述
		A14 课程标准中有关数学课程目标的定位与表述
		A15 课程标准中对相关教学内容的定位与要求
	A2 关于数学教材的知识	A21 教材中相关教学内容的编排方式
		A22 教材中具体内容的呈现位置与编排顺序
		A23 分析研究教材的基本方法
	A3 关于信息技术及实物材料等教学辅助性资源的知识	A31 对数学教学中常用数学课程辅助资源及其获取途径的了解
		A32 数学模型及其直观教具的制作与运用
		A33 传统教学工具在教学中的熟练运用
		A34 利用常用计算机软件进行课件的制作与展示
		A35 开发数学课程资源的方法与策略

(1) 关于数学课程标准的知识

数学课程标准是数学课程资源的统领性资源。数学课程标准为教师的教学设计、实施、评价提供了指导性标准，是教师搞好数学教学的根本。在数学课程标准方面，评价指标 A11—A15 主要涉及对数学课程标准，包括《义务教育数学课程标准（2011 年版）》、《普通高中数学课程标准（实验）》中诸如数学课程标准的内涵及作用、有关数学课程的理念、课程目标的定位与表述、相关教学内容的定位与要求等事项的考查，而这也正是教师资格考试中《数学学科知识与教学能力》在课程方面对入职教师的基本要求。

(2) 关于数学教材的知识

教材作为数学课程资源的主体性资源，是教师开展教学的基础和抓手。对于职前数学教师而言，它更是保证数学教学基本教育质量的"依靠"和"凭借"。而对教材编排方式、呈现位置、呈现顺序的了解则是教师顺利开展教学的基本条件。据此，研究者设置了 A21 和 A22 指标。此外，从"教教材"向"用教材教"是新课程背景下教师由"经验型"向"专业型"转变的重要体现，特别是在目前"一标多本"的教材多样化时代，各版本教材既有差异性，又形成互补性，如果能够通过对不同版本教材的比较、取舍和整合，加深对教材内容的理解和把握，形成适合学生的处理方式，则有助于教材功能的充分发挥。因此，掌握教材分析研究的基本方法，能够透过教材的表面挖掘其深层的内涵，已成为教师进行有效教学的重要条件。基于此，研究者增加了 A23。

（3）关于信息技术及实物材料等教学辅助性资源的知识

信息技术及实体教具、模型是在以数学课程标准和教材为前提的基本条件下，为促进学生理解而采用的主要辅助性资源。其中，诸如利用尺规、黑板、粉笔进行的板书、板画技能及相关设计、教具模型的制作与使用等为传统教育技术，虽然以实体教具、模型为代表的传统技术近年来在数学教学中的作用有所削弱，但仍被不少研究者认为是数学教师的教学基本功。而基于计算机的教学设备、网络技术，以及有关学科知识的软件程序等则为现代教育技术。随着互联网、信息技术与数学教学的纵深整合，现代教育技术成为数学教学的重要资源。2006 年，Ferdig.R.E 将信息技术融入舒尔曼的 PCK 概念之中，提出了 TPCK 概念。在数学教育领域，包括李渺、张小青、朱龙、刘海燕在内的研究者均把教育技术的知识独立地作为 MPCK 的主成分之一，而范良火教授则将关于技术本身的知识与关于如何在教学中运用技术的知识纳入了教师教学的课程知识当中。研究者认为，关于信息技术的知识需要融入教学环境中，内化于数学教学的内容知识之中，才能在教学中发挥作用，而不能孤立地传授或者学习来掌握。故将其纳入数学课程的辅助性资源进行研究。为此，对信息技术及实体教具、模型等数学课程辅助性资源的了解、制作、运用及其开发就成为考察职前数学教师数学课程辅助资源知识的主要评价指标。而问卷中主要通过 A31、A32、A33、A34、A35 来体现。

2. 关于数学课程内容的知识

数学课程内容的知识有助于数学知识内容间的融合与联系，完善数学知识网络体系，并对数学内容给予深层次解释。关于数学课程内容的知识主要包括有关数学课程内容的纵向结构知识和有关课程内容的横向结构知识，其具体指标体系设置如表 4-2 所示。

表 4-2　关于数学课程内容知识的指标体系

对应维度	一级指标	二级指标
B 关于数学课程内容的知识	B1 有关数学课程内容的纵向结构知识	B11 重要数学概念、法则、结论发展的历史过程
		B12 中小学数学内容的知识体系及其学段间相关内容的关联性
		B13 某一教学内容在数学学科及其各学段中的地位
	B2 有关数学课程内容的横向结构知识	B21 中学数学中常见的思想方法
		B22 数学解题的基本理论
		B23 中学数学与其他相关学科的联系
		B24 中学数学在社会实践中的应用

（1）有关数学课程内容的纵向结构知识

有关数学课程内容的纵向结构知识是将某些数学课程内容按照一定的准则以先后发展顺序排列，保持其整体的连贯性。主要涉及诸如微积分、函数、无理数等重要数学概念、定理产生、发展的历程；数学内容的知识体系以及前后内容间的关联性；具体数学内容在数学学科中的地位及其相应内容在各学段的定位。指标 B11 是评价学生能否了解数学发展过程中一些重要的数学概念、法则、结论的来龙去脉，B12 是评价学生能否从整体角度对知识体系有清晰架构，B13 则涉及教学内容在数学学科内部的价值与作用。

（2）有关数学课程内容的横向结构知识

有关数学课程内容的横向结构知识是打破学科或者学科内相关"主题单元"的界限，将某些看似零散的内容以一定标准为线索进行整合与重组，其主要涉及数学解题的基本理论、中学数学中常见的数学思想方法、中学数学的学科价值与应用价值等。指标 B21 是评价学生对中学数学中常见思想方法的掌握程度，由于解题是数学学习的核心，也是掌握数学、学会"数学的思维"的基本途径，而波利亚在《数学的发现》序言中所说："中学数学教学的首要任务就是加强解题训练"，"掌握数学就意味着善于解题"，在我国目前的数学课中，解题几乎是每节课的必修内容，但在对中学资深数学教学专家的访谈中，了解到解题、讲题基本功薄弱已成为新入职教师比较突出的问题，很多新入职教师将讲题简单化为"模仿＋练习＋数学事实的接受"，而在讲题过程中缺乏必要的延伸、深化和升华，究其原因主要是对数学解题的思维规律认识不清，解题理论未发挥指导作用。基于此，研究者设计了指标B22，期望咨询专家对该问题的看法，并从整体上了解职前教师对它的掌握程度，而指标 B23 和 B24 则是考察职前教师对数学在相关学科以及社会实践中作用的认识。

3. 关于学生数学学习的知识

关于学生数学学习的知识是职前数学教师顺利开展数学教学的前提，也是职前数学教师学科教学知识的重要构成部分。关于学生数学学习的知识主要包括学生学习数学方面的准备知识和学生数学学习困难的知识，其具体指标体系设置如表 4-3 所示。

表 4-3　关于学生数学学习知识的指标体系

对应维度	一级指标	二级指标
C 关于学生数学学习的知识	C1 关于学生数学学习方面的准备性知识	C11 不同年龄段学生的数学认知特点和数学学习风格
		C12 学生在学习具体内容时，在知识、能力、情感方面的准备状况
		C13 数学学习内容与学生既有知识间的相关性
	C2 关于学生数学学习方面的难点性知识	C21 学生数学学习中可能存在的难点及其形成原因
		C22 学生在数学学习中常出现的典型错误及其形成根源

(1) 关于学生数学学习方面的准备性知识

关于学生数学学习方面的准备性知识，旨在评估职前数学教师对学生在数学学习时的既有数学知识结构和心理发展特点等准备性知识的具备程度。《中学教师专业标准（试行）》中明确提及，"了解中学生在学习具体学科内容时的认知特点"，为此研究者设计了指标 C11，而 C12 和 C13 则是职前教师开展数学教学设计和实施数学教学的重要依据。

(2) 关于学生数学学习方面的难点性知识

C2 则主要涉及学生数学学习中可能存在的难点及其形成原因、学生在数学学习中常出现的典型错误及其形成根源，其包括的具体指标为 C21 和 C22，对有关学生数学学习方面的难点性知识的了解使职前数学教师在教学中更具有针对性，能够更好地突破难点，突出重点，取得更好的教学效果。

4. 关于数学教学的策略性知识

数学教学的策略性知识是数学师范生专业知识结构中最具有"师范"特色的知识，也是职前数学教师进行数学教学的前提。数学教学的策略性知识主要包括数学教学设计和数学教学组织与实施两方面的知识。由于职前教师的数学教学策略性知识尚处于形成与发展的阶段，因此这些评价指标偏重对数学教学设计基本流程和规范性以及顺利组织与实施数学教学的基本条件的考查。其具体指标体系设置如表 4-4 所示。

表 4-4　关于数学教学策略性知识的指标体系

对应维度	一级指标	二级指标
D 关于数学教学的策略性知识	D1 有关数学教学设计的知识	D11 数学教学设计的内涵、特点及其基本流程等
		D12 数学教案的设计要求、方法等
		D13 根据教学需要，重组与加工教学内容的基本方法
		D14 确定教学重点和难点的基本方法与理论依据等
		D15 设计能够突出重点和突破难点的教学策略和方式
		D16 对教学过程中情境导入、课堂提问及作业布置等环节进行设计的基本方法

续表

对应维度	一级指标	二级指标
D 关于数学教学的策略性知识	D1 有关数学教学设计的知识	D17 编制教学计划和教学目标的原则与相应方法等
		D18 根据设计意图、整体设计教学活动方案
	D2 有关数学教学组织与实施的知识	D21 对教学内容进行有效的解释与表征
		D22 对常见教学手段的合理选择与应用
		D23 对常见教学组织方式的理解与运用
		D24 对常见数学学习方式的理解与运用
		D25 对常见数学教学模式的理解与运用
		D26 对常见数学教学方法的理解与运用
		D27 根据教学反馈，灵活调整与把控既定教学过程的知识
		D28 对数学教学活动中突发事件的应对与处理

（1）有关数学教学设计的知识

数学教学设计是指基于数学课标与教材的分析和学情的研究，对数学学科知识进行再组织与加工，将其转化为学生易于理解和接受的教学形态的知识，它也是体现教师专业性的重要标志。有关数学教学设计的知识主要通过指标 D11—D18 进行评价。

（2）有关数学教学组织与实施的知识

数学教学的组织与实施是教师课堂教学有效进行的重要保障。有关数学教学组织与实施的知识主要通过指标 D21—D28 进行评价。

5. 关于数学教与学的评价性知识

职前数学教师有关数学教与学的评价性知识主要包括对数学教学和对学生数学学习这两方面进行评价与诊断的知识。关于数学教与学的评价性知识的具体指标体系设置如表 4-5 所示。

表 4-5　关于数学教与学的评价性知识指标

对应维度	一级指标	二级指标
E 关于数学教与学的评价性知识	E1 对数学教学进行评价与诊断的知识	E11 评价教师数学教学效果的基本方法、原则等
		E12 结合评价反馈，调整和改进教学的基本方法
		E13 反思数学教学的方法与基本路径等
	E2 对学生数学学习进行评价与诊断的知识	E21 评价学生数学学习效果的基本方法、原则等
		E22 结合学习评价来提升学生学习效果的基本方法
		E23 引导学生进行自我评价的基本方法
		E24 引导学生进行自我评价的知识

（1）对数学教学进行评价与诊断的知识

对职前数学教师而言，评价与诊断数学教学的知识不仅有助于其更科学合理地评估教学材料和教学方法的效用，而且也是将理论性知识与教学实践进行融合，用专业化的眼光对教学进行反思的开始。其中，在数学教学进行评价与诊断的知识方面，主要通过指标 E11、E12、E13 进行评价。

（2）对学生数学学习进行评价与诊断的知识

运用评价与诊断的知识准确而恰当地评估学生的学习效果，可以使得评价摆脱经验与定性的描述，有助于准确地反映出学生的学习需求和困难，有针对性地改善学生的学习，而且积极正向的评价还关系到学生对学科的兴趣，对学生能否真正投入学习具有直接的导向作用。在对学生数学学习进行评价与诊断的知识方面，主要通过指标 E21、E22、E23、E24 进行评价。

（三）职前数学教师学科教学知识体系指标的筛选与修正

本节内容主要对前期在文献研究和专家调查基础上初步制定的职前数学教师学科教学知识体系的指标进行筛选和修正。由于职前数学教师学科教学知识的具体指标是在他人研究成果和专家调查的基础上，并结合《教师教育课程标准（试行）》《中学教师专业标准（试行）》《中小学和幼儿园教学资格考试准（试行）》《数学学科知识与教学能力大纲》等文件对数学教师以及新入职教师对教学学科教学知识的要求设置形成的，其规定比较笼统，适合于所有从教教师。众所周知，教师的知识特别是学科教学知识具有明显的阶段性特点，那么在职前阶段，职前数学教师应该具备什么样的学科教学知识呢？研究者利用德尔菲法向对职前数学教师学科教学知识有深入研究以及有丰富教学经验的专家进行了问卷调查，旨在请专家对初步制定的职前数学教师学科教学知识体系的具体指标提出增删及修正建议，并最终确定职前数学教师的学科教学知识体系指标。

第一轮问卷调查主要是请专家对所制定的职前数学教师学科教学知识的维度、指标提出增加、删除及修正建议，并根据专家自己的理解对学科教学知识各个具体的维度、指标在职前阶段的重要程度进行判断。第二轮问卷调查旨在请专家对经过第一次调查与咨询修正与完善后的问卷再次评价与判断。由于第一轮中职前数学教师学科教学知识的五个维度和一级指标均已达成一致，故第二轮问卷不再对该层次的划分进行专家意见征询和问卷的修改，且在第一轮专家咨询后，重点对二级指标进行了增删与调整，并考虑到二级指标项目多，且经过较有针对性的修改与完善，故本轮问卷对二级指标项目的认可程度采用二分法，即专家仅对体系中所设置的二级指标作出"同意"或者"不同意"的判断，而不再进行指标的增减。

1. 第一轮筛选与修正

（1）问卷发放

第一轮专家问卷调查旨在征询专家对研究者初拟的职前数学教师学科教学知识体系的意见，并请专家根据自己的知识和经验对职前数学教师学科教学知识相应指标在职前教育阶段的重要性进行评价。研究者在已构建的职前数学教师学科教学知识体系的框架和指标体系上，自行编制了《职前数学教师学科教学知识体系（德尔菲法第一轮问卷）》。问卷包括简介、专家的人口统计变量（含性别、教龄、学历、单位类别、职称和学科背景）、填写说明、职前数学教师学科教学知识各构成要素在职前阶段重要性的调查（具体涵盖

5 个维度、11 个一级指标、47 个二级指标)、对构建的体系中各项指标的开放式建议和意见等。问卷主体部分采用李克特（Likert）5 级量表，从"很不重要"到"非常重要"分成 5 个等级，对应得分从低到高依次记为 1 分到 5 分，得分分值越高，说明此项知识对职前数学教师越重要。鉴于初拟框架及一、二级指标项的修改过程中征询过部分专家的意见，因此问卷具有较高的信度和效度。第一轮共发放专家问卷 39 份，剔除漏答和人口统计学统计量缺失的问卷，最终用作分析的样本共有 36 份，有效率达 92.3%。

(2) 统计分析

利用 SPSS19.0 为统计分析数据的软件，将专家对职前数学教师学科教学知识体系的各项指标在职前阶段重要程度的打分情况分别呈现在表 4-6、表 4-7、表 4-8。其中，表格左侧是根据专家填写的选项进行计数统计的结果；右侧的描述项是研究者基于统计学原理计算得出的平均数、中位数、众数、标准差，旨在进一步分析专家对各项指标重要程度评分的均值、集中趋势、一致性及离散分布情况。

表 4-6　第一轮专家问卷调查情况统计表 1

指标项	专家填答题百分比（%）					描述项			
	很不重要	较不重要	一般重要	比较重要	非常重要	平均数	中位数	众数	标准差
	1	2	3	4	5				
A 关于数学课程资源的知识	2.8	0	19.4	61.1	16.7	3.89	4.00	4	.785
B 关于数学课程内容的知识	0	0	5.6	30.6	63.9	4.58	5.00	5	.604
C 关于学生数学学习的知识	0	0	5.6	66.7	27.8	4.22	4.00	4	.540
D 关于数学教学策略的知识	0	0	2.8	27.8	69.4	4.67	5.00	5	.535
E 关于数学教与学的评价性知识	0	0	19.4	66.7	13.9	3.94	4.00	4	.583

表 4–7　第一轮专家问卷调查情况统计表 2

指标项	专家填答题百分比（%）					描述项			
	很不重要	较不重要	一般重要	比较重要	非常重要	平均数	中位数	众数	标准差
	1	2	3	4	5				
A1 关于数学课程标准的知识	0	0	2.8	55.5	41.7	4.36	4.40	4	.444
A2 关于数学教材的知识	0	0	25.0	47.2	27.8	4.04	4.00	4	.664
A3 关于信息技术及实物材料等教学辅助性资源的知识	0	0	19.5	58.3	22.2	4.02	4.00	4	.596
B1 有关数学课程内容的纵向结构知识	0	0	13.9	38.9	47.2	4.26	4.30	5	.562
B2 有关数学课程内容的横向结构知识	0	0	11.1	72.2	16.7	4.08	4.00	4	.462
C1 关于学生数学学习方面的准备性知识	0	0	8.3	58.3	33.4	4.18	4.30	4	.507
C2 关于学生数学学习的难点性知识	0	0	0	25.0	75.0	4.63	5.00	5	.484
D1 有关数学教学设计的知识	0	0	0	55.6	44.4	4.37	4.40	5	.335
D2 有关数学教学组织和实施的知识	0	0	5.6	77.7	16.7	4.15	4.10	4	.335
E1 对数学教学进行评价与诊断的知识	0	0	13.9	50.0	36.1	4.19	4.30	5	.547
E2 对学生数学学习进行评价与诊断的知识	0	0	11.1	75.0	13.9	4.14	4.30	4	.529

表 4-8　第一轮专家问卷调查情况统计表 3

指标项	专家填答题百分比（%）					描述项			
	很不重要	较不重要	一般重要	比较重要	非常重要	平均数	中位数	众数	标准差
	1	2	3	4	5				
A11	0	5.6	22.2	38.9	33.3	4.00	4.00	4	.894
A12	0	2.8	5.6	58.3	33.3	4.22	4.00	4	.681
A13	0	0	8.3	27.8	63.9	4.56	5.00	5	.652
A14	0	2.8	11.1	25.0	61.1	4.44	5.00	5	.809
A15	0	0	2.8	38.9	58.3	4.56	5.00	5	.558
A21	0	5.6	22.2	36.1	36.1	4.03	4.00	4	.910
A22	2.8	2.8	25.0	38.9	30.6	3.92	4.00	4	.967
A23	0	2.8	22.2	30.6	44.4	4.17	4.00	5	.878
A31	0	0	30.6	41.7	27.8	3.97	4.00	4	.774
A32	0	2.8	33.3	50.0	13.9	3.75	4.00	4	.732
A33	0	11.1	16.7	30.6	41.7	4.03	4.00	5	1.028
A34	0	2.8	19.4	41.7	36.1	4.11	4.00	4	.820
A35	0	16.7	36.1	41.7	5.6	3.36	3.00	4	.833
B11	0	0	13.9	38.9	47.2	4.33	4.00	5	.717
B12	0	2.8	13.9	33.3	50.0	4.31	4.50	5	.822
B13	0	2.8	16.7	47.2	33.3	4.11	4.00	4	.785
B21	0	0	8.3	44.4	47.2	4.39	4.00	5	.645
B22	0	0	25.0	50.0	25.0	4.00	4.00	4	.717
B23	0	2.8	41.7	50.0	5.6	3.58	4.00	4	.649
B24	0	2.8	44.4	47.2	5.6	3.56	4.00	4	.652
C11	0	0	27.8	47.2	25.0	3.97	4.00	4	.736
C12	0	2.8	16.7	55.6	25.0	4.03	4.00	4	.736
C13	0	2.8	13.9	41.7	41.7	4.22	4.00	4	.797

续表

指标项	专家填答题百分比（%）					描述项			
	很不重要	较不重要	一般重要	比较重要	非常重要	平均数	中位数	众数	标准差
	1	2	3	4	5				
C21	0	0	2.8	41.7	55.6	4.53	5.00	5	.560
C22	0	0	2.8	22.2	75.0	4.72	5.00	5	.513
D11	0	0	0	44.4	55.6	4.56	5.00	5	.504
D12	0	0	13.9	52.8	33.3	4.19	4.00	4	.668
D13	0	2.8	19.4	52.8	25.0	4.00	4.00	4	.756
D14	0	0	0	44.4	55.6	4.56	5.00	5	.504
D15	0	0	5.6	38.9	55.6	4.50	5.00	5	.609
D16	0	0	11.1	44.4	44.4	4.33	4.00	4	.676
D17	0	0	8.3	44.4	47.2	4.39	4.00	5	.645
D18	0	0	11.1	41.7	47.2	4.36	4.00	5	.683
D21	0	0	2.8	50.0	47.2	4.44	4.00	4	.558
D22	2.8	2.8	5.6	75.0	13.9	3.94	4.00	4	.754
D23	0	2.8	8.3	52.8	36.1	4.33	4.00	4	.586
D24	2.8	2.8	5.6	75.0	13.9	4.22	4.00	4	.722
D25	0	0	5.6	41.7	52.8	4.47	5.00	5	.609
D26	0	2.8	5.6	47.2	44.4	4.33	4.00	4	.717
D27	0	0	11.1	58.3	30.6	4.19	4.00	4	.624
D28	0	8.3	69.4	19.4	2.8	3.17	3.00	3	.609
E11	0	0	27.8	52.8	19.4	3.92	4.00	4	.692
E12	0	0	13.9	47.2	38.9	4.25	4.00	4	.692
E13	0	0	5.6	50.0	44.4	4.39	4.00	4	.599
E21	0	0	11.1	44.4	44.4	4.33	4.00	4	.676
E22	0	0	8.3	61.1	30.6	4.22	4.00	4	.591
E23	0	5.6	16.7	63.9	13.9	3.86	4.00	4	.723

在德尔菲法中，认为某指标一般重要、比较重要和非常重要的专家人数占总人数的比例被称为满分比，当满分比小于或等于50%时，表示专家认为该条目在指标体系的重要贡献较小，是筛选指标的依据之一。[①]如表4-6所示，由于五个维度的满分比均大于50%，且每个维度的平均分均非常接近于4.00（比较重要），中位数、众数都为4（比较重要）或5（非常重要）；依据平均数，专家认为这五个维度的知识在教师职前阶段的重要程度由高到低依次为：关于数学教学的策略性知识、关于数学课程内容的知识、关于学生学习数学的知识、关于数学教与学的评价性知识、关于数学课程资源的知识。

如表4-7所示，11个一级指标中，平均数均高于4.00；一级指标中"非常重要"与"比较重要"的比例之和，除A2外均在80%以上，而A2为75%；各项标准差均保持在1.0以下。由于专家意见协调程度可以用来判断专家对指标是否存在较大分歧。采用变异系数CV进行检验。[②]协调程度为该指标的标准差与算术平均值的比值，其中变异系数的值越小，说明专家对某一指标相对重要性的协调程度越高。根据计算，这11个指标均小于0.17，有比较大的可信度，设计比较理想。依据平均数，将专家视角下这11个一级指标的知识在职前阶段的重要性按照由高到低的顺序进行排列，前五项依次为：C2关于学生数学学习方面的难点性知识、D1有关数学教学设计的知识、A1关于数学课程标准的重视、B1有关数学课程内容的纵向结构知识、E1对数学教学进行评价与诊断的知识，重要性比较低的后两项依次为：A3关于信息技术、实物材料等教学辅助性资源的知识和A2关于数学教材的知识。

二级指标的调查统计结果如表4-8所示。在二级指标中将专家对"非常重要"与"比较重要"的比例合计在90%以上的指标项目为：A12、A13、A15、B21、C21、C22、D11、D14、D15、D17、D21、D25、D26、E13、E22；"非常重要"与"比较重要"的比例合计在75%~90%以下的指标项目

---

① 苏捷斯.基于德尔菲法的国际金融中学评价指标体系构建[J].科技管理研究,2010(12):60-62.

② 苏捷斯.基于德尔菲法的国际金融中学评价指标体系构建[J].科技管理研究,2010(12):60-62.

为：A14、A23、A34、B11、B12、B13、B22、C12、C13、D12、D13、D16、D18、D22、D23、D24、D27、E12、E21、E23；"非常重要"与"比较重要"的比例合计在60%~75%以下的指标项目为：A11、A21、A22、A31、A32、A33、C11、E11；"非常重要"与"比较重要"的比例合计60%以下的指标项目为：A35、B23、B24、D28。平均数低于4分的选项为：A22、A31、A32、A35、B23、B24、C11、D22、D28、E11、E23；标准差大于1的为A33。

（3）意见收集与指标修订

本研究的德尔菲问卷为半开放式，专家除填写指标的重要程度外，还可通过"修改意见"的形式反馈。经筛选，最终采纳的意见建议如下。

①分类及指标领域归属

对职前数学教师学科教学知识要深入研究，特别是有些学科知识在职前必须具备，而有的则要在职后的实践中去渐渐具备和提升；而A35开发数学课程资源的方法与策略这一要求需要具有一定知识与经验后才能进行开发和加工，对职前数学教师要求有点高，建议删除。

将A12和A13进行合并整合，改为：A12数学课程标准中有关数学课程性质、理念的表述与定位，这样原来的A14、A15顺势变为A13、A14。

将A32、A33、A34进行整合，修改为A32数学课程辅助性资源在数学教学中整合与运用的知识。

将B23和B24进行重新表述与整合，改为：B23中学数学在其他学科和社会实践中的应用。

②增加指标项

在C1关于学生学习数学方面的准备知识增加二级指标学生学习数学的规律与方法。

基于量化的数据分析以及专家意见，本研究对职前数学教师学科教学知识的评估体系做了修改，具体统计如下。

五个维度指标和一级指标方面，由于五个维度"非常重要"和"比较重要"的比例合计均在87%以上，远大于最低标准75%，而11个一级指标均在 75% 以上，且它们的标准差均在 1.0 以下。因此，本研究认为五个维度和一级指标已达成一致。下一轮问卷将不再对该层次的划分进行专家意见征询和问卷的修改。

二级指标方面，重点结合"非常重要"与"比较重要"的比例合计在 60% 以下的指标（A35、B23、B24、D28）和平均数低于 3.85 分的选项（A32、A35、B23、B24、D28）进行修改，删除选项 A33、A35、B23、B24、D28，将 A12 和 A13 进行合并整合，改为：A12 数学课程标准中有关数学课程性质、理念的表述与定位，这样原来的 A14、A15 顺势变为 A13、A14；将 A32、A33、A34 进行整合，修改为 A32 数学课程辅助性资源在数学教学中整合与运用的知识；将 B23 和 B24 进行重新表述与整合，改为：B23 中学数学在其他学科和社会实践中的应用；增加 C14：学生学习数学的规律与方法。

2. 第二轮筛选与修正

（1）问卷发放

第二轮问卷的发放对象及发放方式与第一轮相同，共发放问卷 36 份，回收 36 份，有效问卷 36 份，回收率 100%。第二轮问卷旨在请专家对在第一轮问卷咨询修正基础上的问卷再次进行评价与判断。

（2）统计分析

与第一轮问卷的指标征询不同，考虑到二级指标项目多，且经过了对第一轮问卷的修改与完善，故本问卷采用二分法，即调查专家对职前数学教师学科教学知识二级指标设置的态度是同意或是不同意。专家勾选"同意"，计为 1 分，勾选"不同意"，计为"0"；未标记视为不同意。从表 4-9 可以看到，42 项二级指标均不低于 80%，达到了一致性标准。

（3）共识率判断

通常认为，专家对所有题项的一致性达到 80% 以上才算达成共识，可以考虑停止继续进行新一轮的专家调查。本研究中五个维度的共识率为：80%、一级指标的共识率为 90.9%、二级指标的共识率为 100%，均不低于 80%。因此，研究者认为拟定的职前数学教师学科教学知识体系经两轮修改后已达成共识，专家意见一致，加之问卷的整体稳定性较好，因此可结束德尔菲法问卷调查。

表4-9　第二轮专家问卷调查情况统计表

指标项	同意		描述项	
	人数	百分比	平均数	标准差
A13、A31、B11、B21、B22、C11、C14、C21、C22、D11、D12、D14、D15、D16、D17、D21、D24、D27、E11、E12、E13、E21、E22	36	100	1.00	.000
A12、A14、A23、A32、B12、B13、C12、C13、D13、D25、D26	35	97.2	.97	.167
A11、A21、A22、B23、D22、D23、E23	34	94.4	.94	.232

(四) 职前数学教师学科教学知识体系的确定与阐释

经过两轮调查，研究者探索性地建立了包含 5 个维度、10 个一级指标、42 个二级指标的职前数学教师学科教学知识体系（见表 4-10）。由于受研究者能力及可获取支持的专家资源的限制，研究者可能存在疏漏和偏颇，研究还不尽成熟。但该指标体系力图反映职前数学教师学科教学知识的特色，期望对职前数学教师学科教学知识的评估和培养具有积极的指导意义。

表4-10　职前数学教师学科教学知识体系列表

一级指标	二级指标	三级指标
A 关于数课程资源的知识	A1 关于数学课程标准的知识	A11 课程标准的内涵及功能
		A12 课程标准中有关数学课程性质、理念的表述与定位
		A13 课程标准中有关数学课程目标的定位与表述
		A14 课程标准中对相关教学内容的定位与要求

续表

一级指标	二级指标	三级指标
A 关于数课程资源的知识	A2 关于数学教材的知识及相应的教学辅助性资源的知	A21 教材中相关教学内容的编排方式
		A22 教材中具体内容的呈现位置与编排顺序
		A23 分析研究教材的基本方法
		A24 对数学教学中常用数学课程辅助资源及其获取途径的了解
		A25 数学课程辅助性资源在数学教学中整合与运用的知识
B 关于数学课程内容的知识	B1 有关数学课程内容的纵向结构知识	B11 重要数学概念、法则、结论的发展的历史过程
		B12 中小学数学内容的知识体系及其学段间相关内容的关联性
		B13 某一教学内容在数学学科及其各学段中的地位
	B2 有关数学课程内容的横向知识	B21 中学数学中常见的思想方法
		B22 数学解题的基本理论（如波利亚的怎样解题表等）
		B23 中学数学在其他相关学科和社会实践中的应用
C 关于学生数学学习的知识	C1 关于学生数学学习方面的准备性知识	C11 不同年龄段学生的数学认知特点和数学学习风格
		C12 学生在学习具体内容时，在知识、能力、情感方面的准备状况
		C13 数学学习内容与学生既有知识间的相关性
		C14 学生学习数学的规律与方法
	C2 关于学生数学学习方面的难点性知识	C21 学生数学学习中可能存在的难点及其形成原因
		C22 学生在数学学习中常出现的典型错误及其形成根源
D 关于数学教学的策略性知识	D1 有关数学教学设计的知识	D11 数学教学设计的内涵、特点及其基本流程等
		D12 数学教案的设计要求、方法等
		D13 根据教学需要，重组与加工教学内容的基本方法
		D14 确定教学重点和难点的基本方法与理论依据等
		D15 设计能够突出重点和突破难点的教学策略和方式

续表

一级指标	二级指标	三级指标
D 关于数学教学的策略性知识	D1 有关数学教学设计的知识	D16 对教学过程中情境导入、课堂提问、作业布置等环节进行设计的基本方法
		D17 编制教学计划和教学目标的原则与相应方法等
		D18 根据设计意图、整体设计教学活动方案
	D2 有关数学教学组织与实施的知识	D21 对教学内容进行有效的解释与表征
		D22 对常见教学手段的合理选择与应用
		D23 对常见教学组织方式的理解与运用
		D24 对常见数学学习方式的理解与运用
		D25 对常见数学教学模式的理解与运用
		D26 对常见数学教学方法的理解与运用
		D27 根据教学反馈,灵活调整与把控既定教学过程的知识
E 关于数学教与学的评价性知识	E1 对数学教学进行评价与诊断的知识	E11 评价教师数学教学效果的基本方法、原则等
		E12 结合评价反馈,调整和改进教学的基本方法
		E13 反思数学教学的方法与基本路径等
	E2 对学生数学学习进行评价与诊断的知识	E21 评价学生数学学习效果的基本方法、原则等
		E22 结合学习评价来提升学生学习效果的基本方法
		E23 引导学生进行自我评价的基本方法

　　该指标体系按照教学活动的空间元素为基础,以五个维度:关于数学课程资源的知识、关于数学课程内容的知识、关于学生数学学习的知识、关于数学教学策略性知识、关于数学教与学的评价性知识为主线,用问题串"用什么教? 教什么? 教给谁? 怎样教? 教得怎样? 学得怎样?"贯穿覆盖了整个职前教育阶段数学教师学科教学知识的核心内容。这五部分内容彼此之间不是零散,甚至也不是并列的,而是相对独立但又互相融合,形成一个紧密的整体。其中,关于数学课程资源的知识使得教师能够准确地把握教材和课标,

熟练掌握和运用各种教学辅助性资源，这为教学的设计和组织实施提供了
"原材料"，是顺利实施教学的基础；关于数学课程内容的知识则为数学教学
的实施从学科方面提供了深层次解释，关于学生数学学习的知识使得教师能
够更充分地"备学生"，是开展有效教学的前提；故关于数学课程资源知识、
关于数学课程内容的知识和关于学生学习数学的知识是教师开展教学的主要
依据，关于数学教学的策略性知识则是将"学术形态"的数学知识转化为容
易被学生理解和接受的"教学形态"知识的有效途径，教师对数学教学策略
性知识的掌握程度将直接影响到其教学效果。关于数学教与学的评价性知识
不仅有助于科学地评估教与学的效果，也可以为后续的教学决策提供依据。
作为教和学过程中不可分割的一部分，评价持续地镶嵌在整个教与学的过程
之中，而不只在教学、学习终结之后实施。因此，教学与评价是相互制约、
相互影响的。

故这五个维度的知识均是职前数学教师学科教学知识结构中不可缺少的
组成部分，它们通过职前数学教师共同作用于数学教学，并提升了数学教学
的效果，其结构间的关系如图4-3所示。

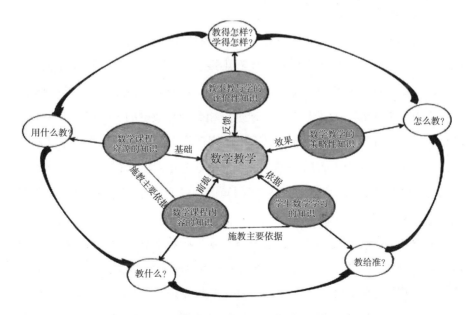

图4-3 职前数学教师学科教学知识结构模型

　　例如，对于因式分解，教师不仅要懂得如何进行因式分解，还要理解为什么要进行因式分解，知道学习因式分解的意义和作用以及学生在哪些方面理解有困难。再譬如，对于"负数乘以负数是正数"这一乘法规则，虽然其是数学学科知识的一部分，但如何向学生有效地进行解释呢？这就需要教师将特定的学科知识与学生思维、学习特点等教学法的知识融合起来。数学课堂讲授的知识是否具有重要的数学价值，往往依赖于观察者对数学的认识，可以帮助教师判断学生的数学解释是否合理准确，否则在解释学生的错误原因方面就分析得不够深刻。而要达到好的教学效果，则需要教师充分利用数学课程资源和数学教学策略性知识对整个教学环节进行有效的组织与实施，而这正是这五个维度的数学学科教学知识在教授某一具体数学内容时的综合体现。

　　总之，职前数学教师的学科教学知识实质上是一个连贯的整体，特别是在复杂的教学实践过程中，这些知识间的界限并不明显，往往运用统整的思维，将这些知识充分融合才有助于实际问题的解决，而将其分为若干指标体系，只是为有所侧重地开展研究和相应的评估，并为发展职前数学教师的学科教学知识提供更有针对性的策略。

　　同时，由于数学教师的学科教学知识具有阶段性，有些知识需要在职前必须具备，而有些则需要在职后的实践中逐步地具备和提升。那么在职前教育阶段，哪些数学学科教学知识比较重要呢？研究者以《职前数学教师学科教学知识咨询问卷》为研究工具，通过对相关调查数据的分析得到专家对这5个指标对职前数学教师的重要程度由高到低依次为：关于数学教学策略的知识、关于数学课程内容的知识、关于学生数学学习的知识、关于数学教与学的评价性知识、关于数学课程资源的知识。以下是针对这一问题，在访谈过程中专家的一些代表性观点。

　　数学教学内容本质的展示，需要以高水平的数学知识为储备，抓住数学本质是一切教学法的根，只有深刻领会数学的真谛才能把数学课讲好，所以，我认为对职前数学教师来说，数学课程内容的知识最为基本。（GXZJ-L）

　　在职前教育阶段，相比其他知识而言，数学课程内容知识最重要，如果在职前阶段就熟悉了，那么在从教后其他方面就容易随之提高，距离做一个合格的中小学数学老师就不远了，对，我始终这样认为，在实践中也这样抓，而教师从教后，再来培训教师的数学课程内容知识，其现实性有点差。总之，我个人认为数学课程内容是基本，只要这个搞好了，其他资源才好灵活用起来。（GXZJ-Z）

根据教学需要，重组与加工教学内容以及开发数学课程资源需要教师具有一定的教学实践经验，这些知识的学习，对没有很多教学经验的职前数学教师来说，要求有点高。（GXZJ-C）

职前数学教师要熟练掌握精深而宽广的学科知识，也就是只有懂得了数学是什么，才能谈数学如何教的问题。（GXZJ-T）

利用常用的计算机软件（如 PowerPoint、几何画板、Z+Z 超级画板、数学公式编辑器等）进行课件的展示与制作较前沿，不太好掌握。此外，对学科知识的深刻理解应在职前完成。因为学科知识不易达到深刻理解，师范生其时正年轻，正是学习的好时光，职后学习学科知识的效果大不如职前。（ZXZJ-Y）

数学解题方面的知识和关于学生数学学习方面的知识很重要。职前教师必须在数学解题方面多训练，尤其是要做高考题，高考题比较有代表性。还有就是要了解学生，知道学生数学学习的认知规律，知道学生可能出现的问题是什么？上课的时候要与学生进行充分的沟通交流。而且要研究学生心理，这样才能真正走入课堂。（ZXZJ-B）

此外，在《中学教师专业标准》有关学科教学知识的基本要求中曾提及，掌握所教学科课程资源开发与校本课程开发的主要方法与策略；在教学实施中也指出，要能够有效调控教学过程，合理处理课堂偶发事件。在《教师教育课程标准》有关职前教师教育课程目标与课程设置中也提及要"了解活动课程开发的知识，学会开发校本课程，设计与指导课外、校外活动"。对即将入职的职前教师或者刚入职的新教师而言，原则上要求其从入职之初就能够胜任中学教学工作，因此研究者在初拟的专家咨询问卷中设计了 A13 开发数学课程资源的方法与策略；D16 对数学教学活动中突发事件的应急处理，对其重要程度的数据显示，这两个题目的平均分依次为 3.36、3.17 分，这显示出专家认为职前阶段师范生还不具备这些能力，没有足够的实践经验为支撑，这些知识的学习是比较空泛的，因此这两方面的知识还不够重要。此外，在对信息技术等辅助性课程资源的知识进行调查时，专家认为传统教学工具和现代信息技术仅仅是外在的形式和媒介，与单纯地对教学工具和信息技术的掌握相比，这些教学辅助性资源如何与数学内容进行整合，以充分应用于数学教学才更为重要。

综上，职前教师或者新教师仍然需要经过一段时间的磨合与锻炼，才能真正成熟完善起来。因此，职前数学教师学科教学知识的研究要立足职前这个教师成长发展的特殊时间段，希望通过职前数学教师学科教学知识体系的构建，为后续研究我国职前数学教师学科教学知识的现状，进而有针对性地提出培养策略提供更为可靠的理论支撑。

（五）小结

本部分主要构建了职前数学教师学科教学知识体系，具体包括体系的结构、内容以及专家视角下学科教学知识五个维度对职前数学教师的重要程度。

1. 职前数学教师学科教学知识指标体系的结构

研究者结合数学教师在职前这个特定阶段学科教学知识发展的特点以及已有研究结果、专家调查以及《教师教育课程标准（试行）》、《中学教师专业标准（试行）》、《中小学和幼儿园教学资格考试标准（试行）》、《数学学科知识与教学能力大纲》等文件对职前数学教师以及新入职教师的要求，初步构建了包含 5 个维度、11 个一级指标、47 个二级指标的职前数学教师学科教学知识的指标体系。通过德尔菲法和专家征询的方式进行筛选与修正，最终确定了包含 5 个维度、10 个一级指标、42 个二级指标的职前数学教师学科教学知识体系，并对框架内容的结构和内涵进行了解析。

2. 职前数学教师学科教学知识体系的内容

职前数学教师学科教学知识体系的 5 个维度为：关于数学课程资源的知识、关于数学课程内容的知识、关于学生数学学习的知识、关于数学教学的策略性知识、关于数学教与学的评价性知识；10 个一级指标为：关于数学课程标准的知识、关于数学教材的知识及相应的教学辅助性资源的知识；有关数学课程内容的纵向结构知识、有关数学课程内容的横向结构知识；关于学生数学学习方面的准备性知识、关于学生学习方面的困难性知识；有关数学教学设计的知识、有关数学教学组织与实施的知识；对数学教学进行评价与诊断的知识、对学生学习进行评价与诊断的知识，体系的二级指标详见表 4–10。并给出了体系中 5 个维度间的关系。

3. 专家视角下的学科教学知识各维度对职前教师的重要程度

本研究通过对包括数学学科教授、高校数学教学教授领域以及中学一线教学名师在内的专家调查得出：职前数学学科教学知识五个维度对职前数学教师的重要程度由高到低依次为：关于数学教学的策略性知识、关于数学课程内容的知识、关于学生数学学习的知识、关于数学教与学的评价性知识、关于数学课程资源的知识。

此外，在调查中专家也认为：开发数学课程资源的知识、处理处理数学偶发课堂的知识、有效调控教学过程的知识对数学教师虽然重要，但对于职前阶段并非必备；与单纯地强调对传统教学工具和现代信息技术的掌握相比，这些教学辅助性资源如何与数学内容进行整合，以充分应用于数学教学对于职前数学教师的学习更为重要。

五、职前数学教师学科教学知识现状的分析

本部分主要对问卷调查、访谈、文本分析等多种研究方法收集到的数据进行分析，力图真实地反映职前数学教师学科教学知识的现状与问题，并据此深入剖析职前数学教师学科教学知识形成与发展的机制及其影响因素，进而有助于后续探求培养和发展职前数学教师学科教学知识的针对性策略。

（一）职前数学教师学科教学知识的总体状况

1. 职前数学教师对学科教学知识的具备状况

运用 SPSS19.0 对《职前数学教师学科教学知识的调查问卷》中第一部分职前数学教师各构成要素现状的调查结果进行统计，得到职前数学教师在学科教学知识的五个维度上的得分情况，如表 5-1 所示。

表 5-1　职前数学教师学科教学知识五个维度的得分情况

	平均数	标准差
关于数学课程资源的知识	3.2026	0.54347
关于数学课程内容的知识	3.2736	0.56755
关于学生数学学习的知识	3.2739	0.60748
关于数学教学的策略性知识	3.3944	0.50867
关于数学教与学的评价性知识	3.2086	0.62745

从总体来看，职前数学教师在各学科教学知识上的得分总体较低。在关于数学课程资源知识、数学课程内容的知识、学生数学学习的知识、数学教学的策略性知识、数学教与学的评价性知识这五个维度中，得分最高的是关于数学教学的策略性知识，均值为 3.3944；其后依次是关于学生数学学习的知识，均值为 3.2739；关于数学课程内容的知识，均值为 3.2736，而得分最低的则是关于数学教与学的评价性知识和关于数学课程资源的知识，其均值依次是 3.2086 和 3.2026。

为了相应地考察职前数学教师在教学实践中对这些学科教学知识的应用状况，研究者对职前数学教师在教育实习中实施课堂教学中最主要的困难、职前数学教师在教育实习中最为欠缺的知识进行了调查，其结果如图 5-1、图 5-2 所示。

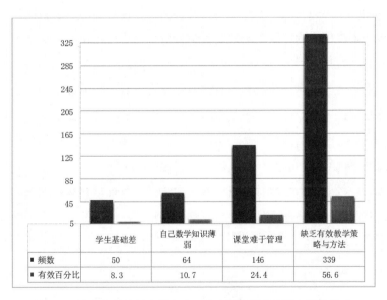

	学生基础差	自己数学知识薄弱	课堂难于管理	缺乏有效教学策略与方法
■ 频数	50	64	146	339
■ 有效百分比	8.3	10.7	24.4	56.6

图 5-1　职前数学教师在教育实习中实施课堂教学最主要的困难

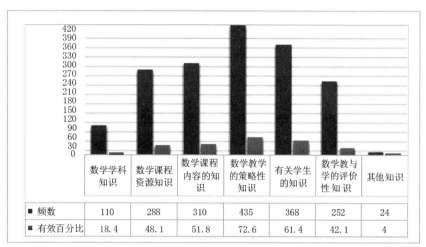

图 5-2   职前数学教师在教育实习中最为欠缺的知识

从图 5-1 可以看到：职前数学教师认为其在教育实习中实施课堂教学中最主要的困难依次为：缺乏有效的教学策略与方法（56.6%）、课堂难于管理（24.4%）、自己数学知识薄弱（10.7%）、学生基础差（8.3%）；从图 5-2 可以看到：职前数学教师认为其在教育实习中最为欠缺的知识分别为：数学教学的策略性知识（72.6%）、有关学生的知识（61.4%）、有关数学课程内容的知识（51.8%）、数学课程资源的知识（48.1%）、数学教与学的评价性知识（42.1%）、数学学科知识（18.4%）、其他知识（4.0%）。

不同院校职前数学教师对自己通过大学四年系统学习能否胜任基础教育工作的自我评价的调查情况如图 5-3 和 5-4 所示。

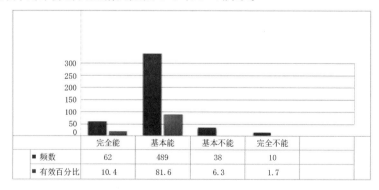

图 5-3   职前数学教师对自己能否胜任教学工作的自我评价

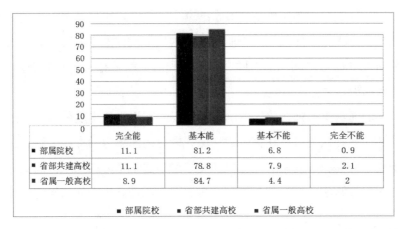

图 5–4   不同类别院校职前数学教师对自己能否胜任教学工作的自我评价比较

由图 5-3 可知：经过四年系统学习之后，8% 的职前数学教师认为自己完全不能或基本不能胜任基础教育工作，10.4% 的职前数学教师认为自己完全能胜任基础教育工作，而 81.6% 的职前数学教师认为自己基本能胜任基础教育工作。通过大学阶段系统的师范教育，绝大多数职前数学教师学有所成，能够较为自信地进入工作岗位，但超过五分之四的职前教师仅认为自己"基本能胜任"基础教育工作，这说明他们的专业知识与专业技能仍有较大提升空间，而目前师范教育在职前数学教师的专业发展中的作用还有待进一步挖掘。

由图 5-4 可知：通过不同学校类别职前数学教师对于问题"通过大学四年系统学习能否胜任基础教育工作"认识的对比，在"完全不能胜任"的选项中，部属院校的比例最低，仅为 0.9%，在"完全能胜任"的选项中，省属一般高校的比例最低，仅为 8.9%。可见部属院校的职前教师具有较高的自我认同感。

由以上数据可以得出以下结论。

结论 1：职前数学教师在学科教学知识的具备掌握情况有所提升，但其整体水平仍相对较低。

（1）职前数学教师在关于数学教学的策略性知识和关于学生数学学习的知识方面具备程度较高，但如何将这些知识运用于教学实施和组织管理课堂仍是职前数学教师的薄弱环节。这说明职前教师对数学教学设计基本流程和规范性以及顺利组织与实施数学教学的基本条件掌握很好，但由于缺乏教学实践的机会等种种原因的制约，职前教师的教学设计实施能力偏弱，而这也与国外研究者所指出的职前教师、师范生和新手教师拥有丰富的理论知识，却对实践知识知之甚少①相吻合。

（2）职前数学教师在关于数学课程内容的知识具备程度偏弱。超过一半的职前数学教师认为自己在关于数学课程内容的知识方面存在欠缺，其比例仅次于关于数学教学的策略性知识和关于学生数学学习的知识。而这一点研究者在与长期从事中学一线教学的专家型教师 ZXZJ–B 老师的回答中也得到了证实。

　　研究者：您认为你们学校新来的数学教师（职前数学教师），在教学中最缺的是什么？而这些却应该是职前阶段所应该学习的？

　　B 老师：现在一些新入职的教师数学知识面较窄，不熟悉中学数学教学内容，对数学知识点间的关联性和综合性缺乏深入了解，往往停留在表面和表象，不够接地气，数学味不浓。

（3）职前数学教师在关于数学教与学的评价性知识具备程度较低。

（4）职前数学教师在关于数学课程资源知识方面的具备程度最低。

（5）在学科教学知识的一级指标层面，职前数学教师的具备程度与专家视角下学科教学知识对职前数学教师的重要程度的顺序基本一致。

结论 2：在学科教学知识的一级指标层面，职前数学教师的具备程度与专家视角下学科教学知识对职前数学教师的重要程度的顺序基本一致。

专家视角下的学科教学知识一级指标对职前数学教师的重要程度由高到低依次为：关于数学教学的策略性知识>关于数学课程内容的知识>关于学生数学学习的知识>关于数学教与学的评价性知识>关于数学课程资源的知识；职前数学教师学科教学知识的具备程度按照由高到低的顺序依次为：关于数学教学的策略性知识>关于学生数学学习的知识>关于数学课程内容的知识>

---

①　A.Hartocollis.Who Needs Education School? What colleges Teach. What Teachers Need to know. And why They're not the same[N]. NewYork Times Education supplement, 2005–06–30.

关于数学教与学的评价性知识>关于数学课程资源的知识。

具体地来说，职前数学教师在学科教学知识各个维度上的平均值以及各个领域的平均值、均值比较统计结果如下。

①职前数学教师在关于数学课程资源方面的得分状况

对职前数学教师在数学课程资源方面的得分情况进行统计分析，结果如表 5–2 和图 5–5 所示。

表 5–2　职前教师在关于数学课程资源方面的得分情况

		极小值	极大值	均值	标准差	方差
具体指标体系	A11 课程标准的内涵及功能	1.00	5.00	3.10	0.840	0.705
	A12 课程标准中有关数学课程性质、理念的表述与定位	1.00	5.00	3.29	0.860	0.739
	A13 课程标准中有关数学课程目标的定位与表述	1.00	5.00	3.33	0.866	0.750
	A14 课程标准中对相关教学内容的定位与要求	1.00	5.00	3.24	0.885	0.783
	A21 教材中相关教学内容的编排方式	1.00	5.00	3.15	0.927	0.860
	A22 教材中具体内容的呈现位置与编排顺序	1.00	5.00	3.23	0.872	0.761
	A23 分析研究教材的基本方法	1.00	5.00	3.18	0.906	0.820
	A24 对数学教学中常用数学课程辅助资源及其获取途径的了解	1.00	5.00	3.40	0.921	0.849
	A25 数学课程辅助性资源在数学教学中整合与运用的知识	1.00	5.00	2.90	0.929	0.862
相关领域	A1 关于数学课程标准的知识	1.30	5.00	3.27	0.643	0.414
	A2 关于数学教材及相应教学辅助性资源的知识	1.40	5.00	3.17	0.598	0.358

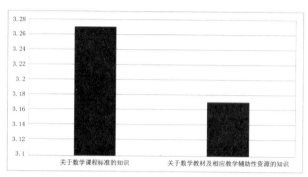

图 5-5　职前数学教师在关于数学课程资源方面的得分情况

从表 5-2 和图 5-5 可以看出，职前数学教师在关于数学课程标准知识上得分较高，均值是 3.27 分，在关于数学教材及相应教学辅助性资源的知识上得分较低，均值是 3.17 分。具体来讲，职前教师对数学课程辅助性资源在数学教学中整合与运用的知识最为欠缺，均值仅为 2.90 分，另外，在有关课程标准的内涵及功能、教材中具体教学内容的编排方式、分析研究教材的基本方法知识上得分比较低，在这些知识方面存在欠缺。

②职前数学教师在有关数学课程内容知识方面的得分状况

对职前数学教师在有关数学课程内容方面的得分情况进行统计分析，结果如表 5-3 和图 5-6 所示。

表 5-3　职前教师在有关数学课程内容知识方面的得分情况

		极小值	极大值	均值(分)	标准差	方差
具体指标体系	B11 重要数学概念、法则、结论的发展的历史过程	1.00	5.00	3.10	0.927	0.860
	B12 中小学数学内容的知识体系及其学段间相关内容的关联性	1.00	5.00	3.37	0.799	0.638
	B13 某一教学内容在数学学科及其各学段中的地位	1.00	5.00	3.28	0.892	0.796
	B21 中学数学中常见的思想方法	1.00	5.00	3.57	0.794	0.630
	B22 数学解题的基本理论（如波利亚的怎样解题表等）	1.00	5.00	3.29	0.764	0.583
	B23 中学数学在其他相关学科和社会实践中的应用	1.00	5.00	3.07	0.829	0.687
相关领域	B1 有关数学课程内容的纵向结构知识	1.00	5.00	3.28	0.674	0.454
	B2 有关数学课程内容的横向结构知识	1.00	5.00	3.31	0.599	0.358

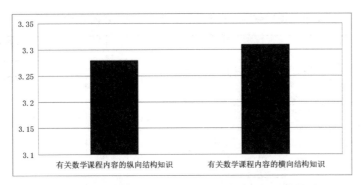

图 5-6　职前数学教师在有关数学课程内容方面的得分情况

从表 5-3 和图 5-6 可以看出，职前数学教师在有关数学课程内容的横向结构知识上得分较高，均值是 3.31，相对来说，在有关数学课程内容的纵向结构知识上得分一般，均值是 3.28。具体来讲，职前教师对中学数学中常见的数学思想方法、中小学数学内容的知识体系以及学段间相关内容的关联性、数学内容在数学学科及其各学段的地位以及中学数学解题基本理论的掌握较好，得分情况总体不错。但对于重要数学概念、法则、结论发展的历史过程以及中学数学在其他相关学科和社会实践中的应用等方面的知识较为欠缺，得分依次为 3.10 分和 3.07 分，这显示职前教师对中学数学的社会价值了解不够，并且由于数学教师的纵向结构知识并不会随着教龄的增长而自然增长，从研究结果看，甚至出现了教龄越长，这类知识越弱的情形[1]。所以，职前阶段对有关数学内容的纵向结构知识（如某些重要概念的起源、发生、发展及变化等）的学习能够为职前数学教师入职后的专业发展提供深厚的学科基础。因此，在职前阶段可通过数学史等课程的设置帮助职前教师提升这方面的知识。

③职前数学教师在有关学生数学学习知识方面的得分状况

对职前数学教师在有关学生数学学习知识方面的得分情况进行统计分析，结果如表 5-4 和图 5-7 所示。

---

① 庞雅丽.职前与在职小学数学教师 HCK 的比较研究[J].数学教育学报,2018,27(1):58-61.

表 5-4   职前教师在有关学生数学学习知识方面的得分情况

		极小值	极大值	均值(分)	标准差	方差
具体指标体系	C11 不同年龄段学生的数学认知特点和数学学习风格	1.00	5.00	3.18	0.904	0.817
	C12 学生在学习具体内容时，在知识、能力、情感方面的准备状况	1.00	5.00	3.27	0.766	0.587
	C13 数学学习内容与学生既有知识间的相关性	1.00	5.00	3.29	0.811	0.657
	C14 学生学习数学的规律与方法	1.00	5.00	3.37	0.838	0.702
	C21 学生数学学习中可能存在的难点及其形成原因	1.00	5.00	3.28	0.880	0.775
	C22 学生在数学学习中常出现的典型错误及其形成根源	1.00	5.00	3.26	0.950	0.902
相关领域	C1 关于学生数学学习方面的准备性知识	1.00	5.00	3.30	0.616	0.379
	C2 关于学生数学学习方面的难点性知识	1.00	5.00	3.27	0.793	0.629

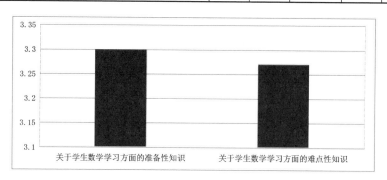

图 5-7   职前数学教师在有关学生学习数学方面的得分情况

从表 5-4 和图 5-7 可以看出，职前数学教师在关于学生数学学习方面的准备性知识、关于学生数学学习方面的难点性知识的均值依次为 3.30 分和 3.27 分。就具体指标而言，职前数学教师在有关不同年龄段学生的数学认知特点和数学学习风格方面的得分最低。

④职前数学教师在有关数学教学策略性知识的得分状况

对职前数学教师在有关数学教学策略性知识方面的得分情况进行统计分析，结果如表 5-5 和图 5-8 所示。

表 5–5   职前教师在有关数学教学策略知识方面的得分情况

		极小值	极大值	均值(分)	标准差	方差
具体指标体系	D11 数学教学设计的内涵、特点及其基本流程等	2.00	5.00	3.64	0.654	0.428
	D12 数学教案的设计要求、方法	1.00	5.00	3.43	0.800	0.640
	D13 根据教学需要，重组与加工教学内容的基本方法	1.00	5.00	3.12	0.889	0.789
	D14 确定教学重点和难点的基本方法与理论依据等	1.00	5.00	3.38	0.851	0.725
	D15 设计能够突出重点和突破难点的教学策略和方式	1.00	5.00	3.32	0.834	0.696
	D16 对教学过程中情境导入、课堂提问、作业布置等环节进行设计的基本方法	1.00	5.00	3.35	0.848	0.719
	D17 编制教学计划和教学目标的原则与相应方法等	1.00	5.00	3.43	0.899	0.808
	D18 根据设计意图、整体设计教学活动方案	1.00	5.00	3.35	0.843	0.711
	D21 对教学内容进行有效的解释与表征	1.00	5.00	3.45	0.866	0.749
	D22 对常见教学手段的合理选择与应用	1.00	5.00	3.50	0.901	0.812
	D23 对常见教学组织方式的理解与运用	1.00	5.00	3.39	0.844	0.712
	D24 对常见数学学习方式的理解与运用	1.00	5.00	3.44	0.853	0.728
	D25 对常见数学教学模式的理解与运用	1.00	5.00	3.53	0.693	0.480
	D26 对常见数学教学方法的理解与运用	1.00	5.00	3.40	0.867	0.752
	D27 根据教学反馈，灵活调整与把控既定教学过程的知识	1.00	5.00	3.21	0.802	0.643
相关领域	D1 有关数学教学设计的知识	1.50	5.00	3.39	0.538	0.289
	D2 有关数学教学组织与实施的知识	1.60	4.90	3.42	0.554	0.307

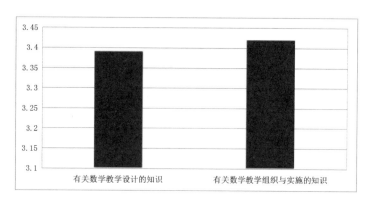

图 5-8   职前数学教师在有关数学教学策略性知识方面的得分情况

在职前数学教师学科教学知识的五个维度中，有关数学教学的策略性知识的得分最高。从表 5-5 和图 5-8 可以看出，职前数学教师在有关数学教学设计的知识、有关数学教学组织与实施的知识的均值依次为 3.39 分和 3.42 分。这说明职前教师对有关数学教学策略性的知识掌握较好，具备了基本的数学教学知识和教学技能。但其在根据教学需要，重组与加工教学内容的基本方法以及根据教学反馈，灵活调整与把控既定教学过程的知识方面较为欠缺，得分为 3.12 分和 3.21 分。

⑤职前数学教师在有关数学教与学的评价性知识方面的得分状况

对职前数学教师在有关数学教与学的评价性知识方面的得分情况进行统计分析，结果如表 5-6 和图 5-9 所示。

表 5-6   职前教师在有关数学教与学的评价性知识方面的得分情况

		极小值	极大值	均值(分)	标准差	方差
具体指标体系	E11 评价教师数学教学效果的基本方法、原则等	1.00	5.00	3.12	0.925	0.856
	E12 结合评价反馈，调整和改进教学的基本方法	1.00	5.00	3.28	0.842	0.709
	E13 反思数学教学的方法与基本路径等	1.00	5.00	3.32	0.834	0.694
	E21 评价学生数学学习效果的基本方法、原则等	1.00	5.00	3.22	0.844	0.712

续表

		极小值	极大值	均值(分)	标准差	方差
具体指标体系	E22 结合学习评价来提升学生学习效果的基本方法	1.00	5.00	3.21	0.838	0.701
	E23 引导学生进行自我评价的基本方法	1.00	5.00	3.11	0.909	0.826
相关领域	E1 对数学教学进行评价与诊断的知识	1.00	5.00	3.27	0.793	0.629
	E2 对学生数学学习进行评价与诊断的知识	1.00	5.00	3.24	0.704	0.495

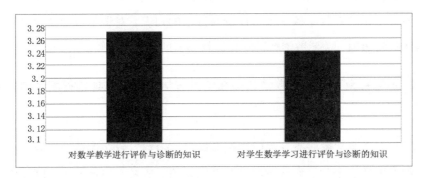

图 5–9　职前数学教师在有关数学教与学的评价性知识方面的得分情况

从图 5–9 和表 5–6 可以看出,职前数学教师在对数学教学进行评价与诊断的知识以及对学生数学学习进行评价与诊断的均值依次为 3.27 分和 3.24分。具体来讲,职前数学教师对评价数学教学效果的基本方法、原则知识和引导学生进行自我评价的基本方法等知识较为欠缺,得分依次为 3.12 分、3.11 分。

综上,通过对职前数学教师在学科教学知识各维度以及各领域得分情况的均值比较分析,发现在当前正在进行的教师教育课程改革的大背景下,我国职前数学教师在学科教学知识的掌握情况都有所提升,但总体来看,对于即将走上教学岗位,要独立胜任数学教学工作的职前教师而言,其学科教学知识的整体水平仍相对较低。这个研究结果不仅在某种程度上支撑了韩继伟、马云鹏在研究中所提出的观点:以在职数学教师为参照标准,职前数学教师在学科教学知识上最为薄弱[1]，也验证并支持了职前数学教师学科教学知识状况比较欠缺的研究假设。

从具体维度来看，职前数学教师在关于数学教学的策略性知识具备程度最高；其后依次是关于学生数学学习的知识、关于数学课程内容的知识，而得分最低的则是关于数学教与学的评价性知识和关于数学课程资源的知识。就具体领域来看，职前数学教师在 10 个领域的具备程度按照均值由高到低依次为：有关数学教学组织与实施的知识、有关数学教学设计的知识、有关数学课程内容的横向结构知识、关于学生数学学习方面的准备性知识、有关数学课程的纵向结构知识、关于数学课程标准的知识、关于学生数学学习方面的难点性知识、对数学教学进行评价与诊断的知识、对学生数学学习进行评价与诊断的知识、关于数学教材及相应教学辅助性资源的知识。

2. 不同背景变量职前数学教师在学科教学知识总体具备程度上的差异分析

研究者通过文献研究发现职前数学教师的性别、所在学校的区域、所在学校的类别这 3 个背景变量与学科教学知识的形成具有一定关系，因而通过调查问卷考察这些背景变量与职前数学教师学科教学知识具备程度的关系，以期通过实证分析探究这些背景变量对职前数学教师学科教学知识的形成与发展是否有显著性影响，进而为后续研究职前数学教师学科教学知识的影响因素提供依据。问卷调查结果采用 SPSS 进行检验分析，结果如下：

（1）不同性别职前数学教师学科教学知识具备程度的独立样本 T 检验

对性别变量与职前数学教师学科教学知识具备程度的相关性进行统计分析，结论如图表 5-7 所示。

---

① 韩继伟，马云鹏，吴琼.职前数学教师的教师知识状况研究[J].教师教育研究,2016,28(3):71.

表 5-7　不同性别职前教师学科教学知识具备程度的均值比较和独立样本 T 检验

	不同性别职前数学教师学科教学知识具备程度的均值		Df	F 值	T 值	Sig（双侧）
	男（151）	女（448）				
A1	3.2364	3.2743	230.247	5.490	-.583	.561
A2	3.2146	3.1563	597	1.969	1.036	.300
B1	3.3106	3.2263	227.725	6.699	1.229	.220
B2	3.2755	3.3208	597	3.448	.803	.422
C1	3.3616	3.2777	597	.173	1.450	.148
C2	3.4040	3.2266	597	2.924	2.386	.017*
D1	3.3795	3.3922	220.426	7.299	-.277	.821
D2	3.4146	3.4138	597	.379	.014	.989
E1	3.4040	3.2266	597	2.924	2.386	.017*
E2	3.2358	3.2393	226.597	6.123	-.049	.961
A	3.2134	3.1989	228.410	6.293	.259	.796
B	3.2940	3.2667	597	3.759	.511	.610
C	3.3593	3.2451	597	2.149	2.065	.039*
D	3.3912	3.3955	597	1.827	-.092	.927
E	3.2310	3.2010	227.041	5.440	.469	.639

　　如表 5-7 所示，对 599 名大四数学师范生（其中男生 151 名，女生 448 名）的职前数学教师学科教学知识进行了均值比较和独立样本 T 检验。从均值来看，在构成职前数学教师学科教学知识的五个维度中，职前数学女教师仅在 D：有关数学教学的策略性知识方面的均值略高于职前数学男教师，而在其他四个维度职前数学男教师的得分均高于职前数学女教师。但在 0.05 水平上进行独立样本 T 检验，发现不同性别的职前数学教师仅在 C：关于学生数学学习的知识存在显著的性别差异（即 Sig 值小于 0.05），而在其他维度（A、B、D、E）的学科教学知识方面不存在显著的性别差异。从职前数学教师学科教学知识构成的 10 个领域上看，职前数学女教师仅在 A1 关于数学课

程标准的知识、D1 有关数学教学设计的知识、E2 对学生数学学习进行评价
与诊断的知识方面的得分均值高于职前数学男教师，而在其余的七个领域职
前数学男教师的得分均高于职前数学女教师。但在 0.05 水平上进行独立样本
T 检验，发现不同性别的职前数学教师仅在 C2 关于学生数学学习方面的难点
性知识和 E1 对数学教学进行评价与诊断的知识上面存在显著的性别差异
（即 Sig 值小于 0.05），而在其他领域的学科教学知识方面均不存在显著的性
别差异。从整体上，将职前数学教师所具备的学科教学知识进行均值比较，
得到职前数学男教师的得分为 3.2978 分，职前数学女教师的得分为 3.2615
分，对职前男教师与职前女教师学科教学知识的具备程度进行独立样本 T 检
验，由 T=.815，df=597、F=8.020，sig=.416 可知，职前数学教师所具备的学
科教学知识从整体上并不存在显著的性别差异。

**（2）不同区域高校职前数学教师学科教学知识具备程度的独立样本 T
检验**

对区域变量与职前数学教师学科教学知识具备程度的相关性进行统计分
析，结论如表 5–8 所示。

表 5–8   不同区域高校职前教师学科教学知识具备程度的均值比较和独立样本 T 检验

	不同区域高校职前数学教师学科教学知识具备程度的均值		Df	F 值	T 值	Sig（双侧）
	东部（288）	西部（311）				
A1	3.3181	3.2154	597	1.977	1.956	.051
A2	3.2639	3.0849	597	.342	3.699	.000**
B1	3.3684	3.1357	597	1.603	4.286	.000**
B2	3.4087	3.2174	597	2.159	3.956	.000**
C1	3.4219	3.1849	597	.471	4.794	.000**
C2	3.2674	3.2749	597	.103	-.116	.907
D1	3.4753	3.3090	597	.204	3.825	.000**
D2	3.4976	3.3367	597	.255	3.588	.000**
E1	3.2674	3.2749	597	.103	-.116	.907

续表

	不同区域高校职前数学教师学科教学知识具备程度的均值		Df	F 值	T 值	Sig（双侧）
	东部（288）	西部（311）				
E2	3.3285	3.1550	597	2.527	3.035	.003**
A	3.2778	3.1329	597	1.041	3.244	.001**
B	3.3826	3.1727	597	.006	4.598	.000**
C	3.3557	3.1982	597	.095	3.295	.001**
D	3.4779	3.3171	597	.058	3.970	.000**
E	3.2898	3.1334	597	2.257	3.078	.002**

如表 5-8 所示，对来自东部地区高校的 288 名大四数学师范生和来自西部地区高校的 311 名大四数学师范生（其中东部、西部均选择部属院校 1 所、省部共建高校 1 所、省属地方院校各 1 所）的职前数学教师学科教学知识进行了均值比较和独立样本 T 检验。从结果来看，在构成职前数学教师学科教学知识的五个维度中，东部地区高校的大四数学师范生的得分均明显高于西部地区高校的大四数学师范生，经过独立样本 T 检验，发现职前数学教师对学科教学知识的具备程度存在显著的地域差异。从职前数学教师学科教学知识构成的 10 个领域上看，西部地区高校的大四数学师范生仅在 E1 对数学教学进行评价与诊断的知识上面的得分均值略高于来自东部地区的大四数学师范生，而在其余的九个领域，东部地区高校的大四数学师范生的得分均值均高于西部地区高校大四数学师范生的得分，并且在 0.05 水平上进行独立样本 T 检验，发现在其中的八个领域存在着显著的地域差异（即 Sig 值小于 0.05）。而从整体上，将职前数学教师所具备的学科教学知识进行均值比较，得到东部地区高校大四数学师范生所具备的职前数学教学知识的均值为 3.3568 分，而西部地区高校大四数学师范生的得分为 3.1909 分，对这两个不同区域高校职前数学教师学科教学知识具备程度进行独立样本 T 检验，由 T=4.345，df=597，F=.379，sig=.000 可知，东部和西部高校职前数学教师学科教学知识的具备程度具有显著性差异。

(3) 不同类别院校职前数学教师学科教学知识具备程度的方差分析

为探究不同类别院校的大四数学师范生（即职前数学教师）在学科教学知识具备程度层面的差异是否显著，本研究以部属院校、省部共建院校、省属一般院校作为分类变量，运用单因素方差分析法来比较不同学校类别职前数学教师在学科教学知识具备程度的均值差异，检验变量的均值、标准差等信息。

①基于不同类别院校职前数学教师学科教学知识五个维度的视角

对不同类别院校职前数学教师在基于学科教学知识五个维度视角下的现状进行统计分析，结果如表 5-9 和图 5-8 所示。

表 5-9　基于五个维度的不同类别院校职前教师学科教学知识现状比较

	学校类别	平均数	标准差	F 值	Sig.显著性
关于数学课程资源的知识	部属师范大学	3.2475	0.54347		
	省部共建师范大学	3.1899	0.55182	1.126	0.325
	省属一般师范院校	3.1686	0.55581		
关于数学课程内容的知识	部属师范大学	3.3082	0.56755		
	省部共建师范大学	3.3196	0.58089	2.941	0.054
	省属一般师范院校	3.1956	0.54991		
关于学生数学学习的知识	部属师范大学	3.2188	0.60748		
	省部共建师范大学	3.3632	0.56601	3.310	0.037
	省属一般师范院校	3.2470	0.58473		
关于数学教学的策略性知识	部属师范大学	3.4319	0.50867		
	省部共建师范大学	3.4433	0.51580	4.348	0.013
	省属一般师范院校	3.3108	0.47108		
关于数学教与学的评价性知识	部属师范大学	3.1900	0.62745		
	省部共建师范大学	3.2865	0.62079	2.311	0.100
	省属一般师范院校	3.1549	0.62438		

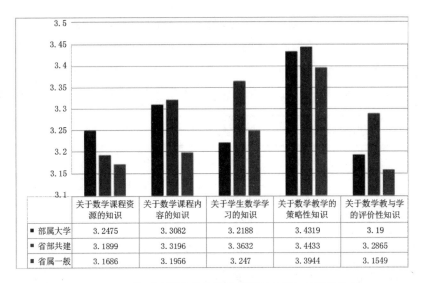

	关于数学课程资源的知识	关于数学课程内容的知识	关于学生数学学习的知识	关于数学教学的策略性知识	关于数学教与学的评价性知识
▪ 部属大学	3.2475	3.3082	3.2188	3.4319	3.19
▪ 省部共建	3.1899	3.3196	3.3632	3.4433	3.2865
▪ 省属一般	3.1686	3.1956	3.247	3.3944	3.1549

图5-10 不同类别院校职前数学教师学科教学知识均值比较

从表5-9和图5-10可直观分析出不同类型师范院校职前数学教师的学科教学知识。在关于数学课程资源的知识、关于数学课程内容的知识、关于数学教与学的评价性知识上,部属师范大学、省部共建高校、省属一般师范院校的职前数学教师没有显著性差异。而在关于学生数学学习的知识和关于数学教与学的评价性知识方面存在显著性差异。其中,在关于学生学习数学的知识方面,省部共建高校的职前数学教师得分最高,省属一般院校的职前数学教师次之,省部共建高校的职前数学教师得分最低。在数学教学的策略性知识方面,省部共建高校的职前数学教师得分最高,其次是部属师范院校的数学教师,而得分最低的则是省属一般师范院校。

对不同类别院校职前数学教师在五个维度视角下的学科教学知识具备程度的差异性进行统计分析,结果如表5-10所示。

表 5–10   基于五个维度的不同类别院校职前教师学科教学知识具备程度的
描述性统计与方差齐性检验

检测变量	学校类别	均值	标准差	Levene 统计量	df1	df2	显著性
A	部属院校（207 人）	3.2475	.54347	.076	2	596	.927
	省部共建（189 人）	3.1899	.55182				
	省属一般（203 人）	3.1686	.55581				
B	部属院校（207 人）	3.3082	.56755	.075	2	596	.927
	省部共建（189 人）	3.3196	.58089				
	省属一般（203 人）	3.1956	.54991				
C	部属院校（207 人）	3.2188	.60748	.589	2	596	.555
	省部共建（189 人）	3.3632	.60748				
	省属一般（203 人）	3.2470	.58473				
D	部属院校（207 人）	3.4319	.50867	.659	2	596	.518
	省部共建（189 人）	3.4433	.51580				
	省属一般（203 人）	3.3108	.47108				
E	部属院校（207 人）	3.1900	.62745	.064	2	596	.938
	省部共建（189 人）	3.2865	.62079				
	省属一般（203 人）	3.1549	.62438				

表 5–10 为不同学校类别职前数学教师学科教学知识具备程度的描述性统计量与差异显著分析结果。方差齐性检验结果显示，"关于数学课程资源的知识"检验变量的 Levene 统计量 F 值=0.076（p=0.927>0.05）；"关于数学课程内容的知识"检验变量的 Levene 检验的 F 值=0.075（p=0.927>0.05）；"关于学生数学学习的知识"检验变量的 Levene 检验的 F 值=0.589（p=0.555>0.05）；"关于数学教学的策略性知识"检验变量的 Levene 检验的 F 值=0.696

（p=0.518>0.05）；"关于数学教与学的评价性知识"检验变量的 Levene 检验的 F 值=0.064（p=0.938>0.05）。这五个检验变量的 F 值均达到显著水平，这表明这样检验变量均未违反方差同质性假设，因此可进一步进行多重比较分析，其结果表 5-11 所示。

表 5-11　基于五个维度的不同类别院校职前教师学科教学知识各层面具备程度差异比较的方差分析

检测变量		平方和	自由度	均方	F 值	显著性
A	组间	.682	2	.341		
	组内	180.494	596	.303	1.126	.325
	总数	181.176	598			
B	组间	1.884	2	.942		
	组内	190.880	596	.320	2.941	.054
	总数	192.763	598			
C	组间	2.281	2	1.140		
	组内	205.317	596	.344	3.310	.037
	总数	207.598	598			
D	组间	2.162	2	1.081		
	组内	148.145	596	.249	4.348	.013
	总数	150.307	598			
E	组间	1.802	2	.901		
	组内	232.301	596	.390	2.311	.100
	总数	234.103	598			

从上述方差分析摘要表 5-11 中知悉：在职前数学教师学科教学知识的五个维度即五个检测变量中，其中就"C：关于学生数学学习的知识"和"D：关于数学教学的策略性知识"两个变量而言，整体检验的 F 值分别为 3.310

（p=0.037<0.05）、4.348（p=0.013<0.05），均达到显著水平，即表示不同学校类别职前数学教师在"关于学生数学学习的知识"和"关于数学教学的策略性知识"的具备程度上均存在显著差异。而不同学校类别职前数学教师在其他三个变量 A：关于数学课程资源的知识、B：关于数学课程内容的知识、E：关于数学教学的策略知识具备程度并不存在显著性差异。至于哪些学校类别配对组别间的差异达到显著，则需进一步比较。本研究对这些未违反方差同质性假定的检验变量且存在显著性差异的变量选用最严格的雪费法（Scheffe'smethod）和较为宽松的显著差异法（honestlysignificantdifference，简称 HSD 法）进行多重比较分析。如下表 5-12 和表 5-13 所示。

表 5-12　基于五个维度的不同类别院校组间差异分析的 Scheffe 法多重比较摘要表

依变量	(I) 学校类别	(J) 学校类别	平均差异 (I-J)	显著性	95%置信区间	
					上界	下界
C	部属院校	省部共建	−.14433	.051	−.2892	.0006
		省属一般	−.02815	.889	−.1704	.1141
	省部共建	部属院校	.14433	.051	−.0006	.2892
		省属一般	.11618	.148	−.0294	.2618
	省属一般	部属院校	.02815	.889	−.1141	.1704
		省部共建	−.11618	.148	−.2618	.0294
D	部属院校	省部共建	−.01140	.975	−.1345	.1117
		省属一般	.12110*	.049	.0002	.2419
	省部共建	部属院校	.01140	.975	−.1117	.1345
		省属一般	.13249*	.032	.0088	.2562
	省属一般	部属院校	−.12110*	.049	−.2419	−.0002
		省部共建	−.13249*	.032	−.2562	−.0088

★平均差异在.05 水平是显著

表 5-13　基于五个维度的不同类别院校组间差异分析的 Tukey HSD 法多重比较摘要表

依变量	(I) 学校类别	(J) 学校类别	平均差异 (I–J)	显著性	95%置信区间	
					上界	下界
C	部属院校	省部共建	-.14433*	.039	-.2831	-.0056
		省属一般	-.02815	.878	-.1644	.1081
	省部共建	部属院校	.14433*	.039	.0056	.2831
		省属一般	.11618	.124	-.0232	.2556
	省属一般	部属院校	.02815	.878	-.1081	.1644
		省部共建	-.11618	.124	-.2556	.0232
D	部属院校	省部共建	-.01140	.972	-.1292	.1065
		省属一般	.12110*	.038	.0054	.2368
	省部共建	部属院校	.01140	.972	-.1065	.1292
		省属一般	.13249*	.024	.0141	.2509
	省属一般	部属院校	-.12110*	.038	-.2368	-.0054
		省部共建	-.13249*	.024	-.2509	-.0141

★平均差异在.05 水平是显著的

　　基于表 5-12 和表 5-13 显示的不同学校类别两两比较可知，就读于省部共建院校的大四数学师范生在"关于学生数学学习的知识"的具备程度方面的得分平均数显著高于部属院校的得分平均数。就读于部属院校的大四数学师范生在"关于数学教学的策略性知识"的具备程度方面的得分平均数显著高于省属一般院校的得分平均数；就读于省部共建院校的大四数学师范生在"关于数学教学的策略性知识"的具备程度方面的得分平均数也显著高于省属一般院校的得分平均数。而研究者在对职前数学教师在教育实习中最为欠缺的知识进行调查时（如图 5-11），发现部属院校的大四数学师范生在策略性知识方面要明显好于省部共建高校和省属一般高校，这也从另一方面印证了这一观点。

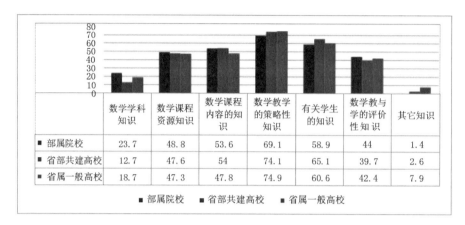

图 5-11   不同类别院校职前数学教师在教育实习中最为欠缺知识对比

②基于不同学校类别职前数学教师学科教学知识十个领域的视角

对不同类别院校职前数学教师在基于学科教学知识十个领域视角下的现状进行统计分析，结果如表 5-14 所示。

表 5-14   基于十个领域的不同学校类别职前教师学科教学知识具备程度的描述性
统计与方差齐性检验

检测变量	学校类别	均值	标准差	Levene 统计量	df1	df2	显著性
A1	部属院校（207 人）	3.3217	.65006	.178	2	596	.837
	省部共建（189 人）	3.2540	.63459				
	省属一般（203 人）	3.2167	.64279				
A2	部属院校（207 人）	3.2068	.60464	.178	2	596	.837
	省部共建（189 人）	3.1556	.59334				
	省属一般（203 人）	3.1488	.59680				
B1	部属院校（207 人）	3.2981	.68280	.400	2	596	.670
	省部共建（189 人）	3.2577	.69306				
	省属一般（203 人）	3.1867	.64345				
B2	部属院校（207 人）	3.3184	.59784	1.690	2	596	.185
	省部共建（189 人）	3.4048	.58376				
	省属一般（203 人）	3.2113	.62333				

续表

检测变量	学校类别	均值	标准差	Levene 统计量	df1	df2	显著性
C1	部属院校（207 人）	3.2256	.62812	.341	2	596	.711
	省部共建（189 人）	3.4328	.61166				
	省属一般（203 人）	3.2488	.58820				
C2	部属院校（207 人）	3.2512	.79726	1.894	2	596	.151
	省部共建（189 人）	3.2725	.74454				
	省属一般（203 人）	3.2906	.83504				
D1	部属院校（207 人）	3.4502	.54371	.198	2	596	.820
	省部共建（189 人）	3.4360	.53889				
	省属一般（203 人）	3.2828	.51718				
D2	部属院校（207 人）	3.4261	.56714	1.002	2	596	.368
	省部共建（189 人）	3.4661	.55984				
	省属一般（203 人）	3.3522	.53114				
E1	部属院校（207 人）	3.2512	.79726	1.894	2	596	.151
	省部共建（189 人）	3.2725	.74454				
	省属一般（203 人）	3.2906	.83504				
E2	部属院校（207 人）	3.2517	.73086	.472	2	596	.624
	省部共建（189 人）	3.2884	.68764				
	省属一般（203 人）	3.1783	.68947				

表 5-14 为不同学校类别职前数学教师学科教学知识具备程度的描述性统计量与差异显著分析结果。方差齐性检验结果显示，"关于数学课程标准的知识"检验变量的 Levene 统计量 F 值=0.178（p=0.837>0.05）；"关于数学教材及相应教学辅助资源的知识"检验变量的 Levene 检验的 F 值=0.178（p=0.837>0.05）；"有关数学课程内容的纵向结构知识"检验变量的 Levene 检验的 F 值=0.400（p=0.670>0.05）；"有关数学课程内容的横向结构知识"检验变量的 Levene 检验的 F 值=1.690（p=0.185>0.05）；"关于学生数学学习方面的准备性知识"检验变量的 Levene 检验的 F 值=0.341（p=0.711>0.05）；"关

于学生数学学习方面的难点性知识"检验变量的 Levene 统计量 F 值=1.894
（p=0.151>0.05）；"有关数学教学设计的知识"检验变量的 Levene 检验的 F
值=0.198（p=0.820>0.05）；"有关数学教学组织与实施的知识"检验变量的
Levene 检验的 F 值=1.002（p=0.368>0.05）；"对数学教学进行评价与诊断的
知识"检验变量的 Levene 检验的 F 值=1.894（p=0.151>0.05）；"对学生数学
学习进行评价与诊断的知识"检验变量的 Levene 检验的 F 值=0.472（p=
0.624>0.05）。这十个检验变量的 F 值均达到显著水平，这表明这样检验变量
均未违反方差同质性假设，因此可进一步进行多重比较分析，其结果如表 5–
15 所示。

表 5–15　基于十个领域的不同类别院校职前教师学科教学知识各层面具备
程度差异比较的方差分析

检测变量		平方和	自由度	均方	F 值	显著性
A1	组间	1.162	2	.581		
	组内	246.225	596	.413	1.406	.246
	总数	247.387	598			
A2	组间	.410	2	.205		
	组内	213.444	596	.358	.573	.564
	总数	213.855	598			
B1	组间	1.299	2	.650		
	组内	269.975	596	.453	1.434	.239
	总数	271.274	598			
B2	组间	3.688	2	1.844		
	组内	210.620	596	.353	5.218	.006
	总数	214.308	598			
C1	组间	5.011	2	2.506		
	组内	221.498	596	.372	6.742	.001
	总数	226.509	598			

续表

检测变量		平方和	自由度	均方	F 值	显著性
C2	组间	.160	2	.080	.127	.881
	组内	376.006	596	.631		
	总数	376.166	598			
D1	组间	3.485	2	1.742		
	组内	169.522	596	.284	6.126	.002
	总数	173.007	598			
D2	组间	1.294	2	.647		
	组内	182.168	596	.306	2.117	.121
	总数	183.462	598			
E1	组间	.160	2	.080		
	组内	376.006	596	.631	.127	.881
	总数	376.166	598			
E2	组间	1.241	2	.620		
	组内	294.956	596	.495	1.254	.286
	总数	296.197	598			

从上述方差分析摘要表5–15中知悉：在职前数学教师学科教学知识的十个领域即十个检测变量中，其中就"B2：有关数学课程内容的横向结构知识""C1：关于学生数学学习方面的准备性知识""D1：有关数学教学设计的知识"这三个变量而言，整体检验的 F 值分别为 5.218（p=0.006<0.05）、6.742（p=0.001<0.05）、6.126（p=0.002<0.05）均达到显著水平，即表示不同学校类别职前数学教师在"有关数学课程内容的横向结构知识"和"关于学生数学学习方面的准备性知识"以及"有关数学教学设计的知识"等方面的具备程度上均存在显著差异。而不同学校类别职前数学教师在其他七个变量A1：关于数学课程标准的知识，A2：关于数学教材及相应教学辅助性资源的知识，B1：有关数学课程内容的纵向结构知识，C2：关于学生数学学习方面

的难点性知识，D2：有关数学教学组织与实施的知识，E1：对数学教学进行评价与诊断的知识，E2：对学生数学学习进行评价与诊断的知识等方面的具备程度并不存在显著性差异。至于哪些学校类别配对组别间的差异达到显著，则需进一步比较。本研究对这些未违反方差同质性假定的检验变量且存在显著性差异的变量选用最严格的雪费法（Scheffe's method）和较为宽松的显著差异法（honestly significant difference，简称 HSD 法）进行多重比较分析。如下表 5-16 和表 5-17 所示。

表 5-16　基于十个领域的不同类别院校组间差异分析的 Scheffe 法多重比较摘要表

依变量	(I)　学校类别	(J)　学校类别	平均差异(I-J)	显著性	95%置信区间 上界	下界
B2	部属院校	省部共建	−.08640	.353	−.2332	.0604
		省属一般	.10703	.191	−.0371	.2511
	省部共建	部属院校	.08640	.353	−.0604	.2332
		省属一般	.19343*	.006	.0460	.3409
	省属一般	部属院校	−.10703	.191	−.2511	.0371
		省部共建	−.19343*	.006	−.3409	.0460
C1	部属院校	省部共建	−.20720*	.004	−.3577	−.0567
		省属一般	−.02316	.929	−.1709	−.1246
	省部共建	部属院校	.20720*	.004	.0567	.3577
		省属一般	.18404*	.012	.0328	.3352
	省属一般	部属院校	.02316	.929	−.1246	.1709
		省部共建	−.18404*	.012	−.3352	−.0328
D1	部属院校	省部共建	.01426	.965	−.1174	.1459
		省属一般	.16748*	.007	.0382	.2968
	省部共建	部属院校	−.01426	.965	−.1459	.1174
		省属一般	.15322*	.018	.0209	.2855
	省属一般	部属院校	−.16748*	.007	−.2968	−.0382
		省部共建	−.15322*	.018	−.2855	−.0209

★平均差异在.05 水平是显著的

表 5-17　基于十个领域的不同类别院校组间差异分析的 Tukey HSD 法多重比较摘要表

依变量	(I) 学校类别	(J) 学校类别	平均差异 (I-J)	显著性	95%置信区间 上界	下界
B2	部属院校	省部共建	−.08640	.319	−.2269	.0541
		省属一般	.10703	.163	−.0309	.2450
	部属院校	省部共建	.08640	.319	−.0541	.2269
		省属一般	.19343*	.004	.0522	.3346
	部属院校	省属一般	−.10703	.163	−.2450	.0309
		省部共建	−.19343*	.004	−.3346	−.0522
C1	部属院校	省部共建	−.20720*	.002	−.3113	−.0631
		省属一般	−.02316	.922	−.1646	−.1183
	省部共建	部属院校	.20720*	.002	.0631	.3513
		省属一般	.18404*	.008	.0393	.3288
	省属一般	部属院校	−.02316	.922	−.1183	.1646
		省部共建	−.18404*	.008	−.3188	−.0393
D1	部属院校	省部共建	.01426	.962	−.1118	.1403
		省属一般	.16748*	.004	.0437	.2913
	省部共建	部属院校	−.01426	.962	−.1403	.1118
		省属一般	.15322*	.013	.0266	.2799
	省属一般	部属院校	−.16748*	.004	−.2913	−.0437
		省部共建	−.15322*	.013	−.2799	−.0266

★平均差异在.05 水平是显著的

　　基于表 5-16 和表 5-17 显示的不同学校类别两两比较可知，就读于省部共建院校的大四数学师范生在"有关数学课程内容的横向结构知识"的具备程度方面的得分平均数显著高于省属一般高校的得分平均数。就读于省部共建院校的大四数学师范生在"关于学生数学学习方面的准备性知识"的具备程度方面的得分平均数不仅显著高于省属一般院校的得分平均数，也显著高于部属院校的得分平均数。就读于部属院校的大四数学师范生在"有关数学教学设计的知识"的具备程度方面的得分平均数显著高于省属一般院校的得分平均数，而就读于省部共建高校院校的大四数学师范生在"有关数学教学设计的知识"的具备程度也显著高于省属一般高校。

3. 关于职前数学教师学科教学知识具备状况的总结

通过对职前数学教师在学科教学知识各维度以及各领域得分情况的均值比较和诸如职前数学教师的性别、所在学校的区域、所在学校的类别这 3 个不同背景变量与学科教学知识的形成关系的单因素方差分析可得出如下结论：

结论 1：职前数学教师在学科教学知识的具备掌握情况有所提升，但其整体水平仍相对较低。

从职前数学教师在学科教学知识各维度以及各领域得分情况的均值比较，可以发现在当前正在进行的教师教育课程改革的大背景下，我国职前数学教师在学科教学知识的具备掌握情况有所提升，但总体来看，作为即将走上教学岗位，要独立胜任数学教学工作的职前教师而言，其学科教学知识的整体水平仍相对较低。这个研究结果不仅在某种程度上支撑了韩继伟、马云鹏（2016）在研究中所提出的观点：以在职数学教师为参照标准，职前数学教师在学科教学知识上最为薄弱[①]，也验证并支持了职前数学教师学科教学知识状况比较欠缺的研究假设。

从具体维度来看，职前教师在关于数学教学策略性知识方面具备程度最高；其后依次是关于学生数学学习的知识、关于数学课程内容的知识，而得分最低的则是关于数学教与学的评价性知识和关于数学课程资源的知识。但从职前教师在实习过程中所遇到的最主要困难来看，如何将这些策略性知识和学生学习数学的知识运用于教学实施和组织管理课堂仍是职前教师的薄弱环节。从认知心理学的角度分析，从调查结果可知职前教师在实习前的策略

---

① 韩继伟,马云鹏,吴琼.职前数学教师的教师知识状况研究[J].教师教育研究,2016,28(3):71.

性知识主要停留于陈述性知识阶段，即虽将有关教学设计、组织、实施的基本要求、步骤等纳入了自己的知识体系，但这些知识仅具有外在的形态，还没有内化形成个体的策略性知识结构。而访谈中一位职前教师所提及的话："（大学期间）接受的理论知识很多，实践活动却很少，导致师范院校数学师范生的能力只存在于课本，大多数人能坐在讲台下，却不一定有能力站在讲台之上"能够较好地说明这个原因。

就具体领域来看，职前数学教师在 10 个领域的具备程度按照均值由高到低依次为：有关数学教学组织与实施的知识、有关数学教学设计的知识、有关数学课程内容的横向结构知识、有关学生数学学习方面的准备性知识、有关数学课程的纵向结构知识、关于数学课程标准的知识、关于学生数学学习方面的难点性知识、对数学教学进行评价与诊断的知识、对学生数学学习进行评价与诊断的知识、关于数学教材及相应教学辅助性资源的知识。

结论 2：在学科教学知识的五个维度层面，职前数学教师的具备程度与专家视角下学科教学知识对职前数学教师的重要程度的顺序基本一致。

专家视角下的学科教学知识一级指标对职前数学教师的重要程度由高到低依次为：关于数学教学的策略性知识>关于数学课程内容的知识>关于学生数学学习的知识>关于数学教与学的评价性知识>关于数学课程资源的知识；职前数学教师学科教学知识的具备程度按照由高到低的顺序依次为：关于数学教学的策略性知识>关于学生数学学习的知识>关于数学课程内容的知识>关于数学教与学的评价性知识>关于数学课程资源的知识。

结论 3：学科教学知识与职前数学教师的性别、所在学校区域、所在学校类别均存在一定关系。

根据单因素方差分析，得出职前数学教师的学科教学知识与其性别、所在学校的区域、所在学校的类别均存在一定关系。具体来说，主要有以下几点研究结论。

(1) 职前数学教师所具备的学科教学知识虽存在性别差异，但这种差异仅在个别维度和个别领域显著，从整体上看并不显著。

职前数学教师所具备的学科教学知识从整体上不存在显著的性别差异。

在构成职前数学教师学科教学知识的五个维度中，仅在"有关学生学习数学的知识"方面存在显著的性别差异；从职前数学教师学科教学知识构成的 10 个领域上看，不同性别的职前数学教师仅在"关于学生数学学习方面的难点性知识"和"对数学教学进行评价与诊断的知识"方面存在显著的性别差异。

（2）职前数学教师所具备的学科教学知识存在显著的地域差异，在构成学科教学知识的十个领域中，东西部高校的职前数学教师在八个领域的得分方面均存在显著的地域差异。

从职前数学教师学科教学知识构成的 10 个领域上看，西部地区高校的大四数学师范生仅在"对数学教学进行评价与诊断的知识"上面的得分均值略高于来自东部地区的大四数学师范生，而在其余的九个领域，东部地区高校的大四数学师范生的得分均值均高于西部地区高校大四数学师范生的得分，并且在 0.05 水平上进行独立样本 T 检验，发现在其中的八个领域存在着显著的地域差异（即 Sig 值小于 0.05）。

（3）不同学校类别职前数学教师学科教学知识具备程度存在显著差异。

通过部属院校、省部共建院校、省属一般院校等不同类别大四数学师范生（即职前数学教师）在学科教学知识具备程度层面的比较，可发现：在职前数学教师学科教学知识构成的五个维度方面，就读于省部共建院校的大四数学师范生在"关于学生学习数学的知识"的具备程度方面的得分平均数显著高于部属院校的得分平均数。就读于部属院校的大四数学师范生在"关于数学教学的策略性知识"的具备程度方面的得分平均数显著高于省属一般院校的得分平均数，而就读于省部共建院校的大四数学师范生在"关于数学教学的策略性知识"的具备程度方面的得分平均数也显著高于省属一般院校得分平均数。在构成职前数学教师学科教学知识的十个领域中，就读于省部共建院校的大四数学师范生在"有关数学课程内容的横向结构知识"的具备程度方面的得分平均数显著高于省属一般高校的得分平均数。就读于省部共建院校的大四数学师范生在"关于学生数学学习方面的准备性知识"的具备程度方面的得分平均数显著高于部属院校和省属一般院校的得分平均数。就读于部属院校和省部共建高校的大四数学师范生在"有关数学教学设计的知识"

的具备程度方面的得分平均数均显著高于省属一般院校的得分平均数。

（二）职前数学教师学科教学知识形成与发展的来源及机制分析

基于职前数学教师学科知识教学知识的现状，寻求职前数学教师学科教学知识形成与发展的来源及其机制分析，是有针对性地发展职前数学教师的学科教学知识，提升其教学能力的重要保障。

1.职前数学教师学科教学知识形成与发展的来源

根据职前数学教师对学科教学知识来源的各项选择判断从"很大"、"较大"、"一般"、"很少"到"没有"依次给予 4 分、3 分、2 分、1 分和 0 分，算出各来源的平均值，得分分值越高表示职前数学教师越倾向于通过此种途径获取学科教学知识。学科教学知识的来源对职前数学教师帮助程度的比较，结果如表 5-18 和表 5-19 所示。

表 5-18　学科教学知识的来源对职前数学教师形成学科教学知识的帮助程度比较 1

来源		学生填答题（%）					描述项	
		很大 4	较大 3	一般 2	很少 1	没有 0	平均数	标准差
中小学求学期间的经历		40.9	42.4	13.4	3.0	0.3	3.21	.807
高等院校的培养	教师对数学教育理论课程的系统讲授	14.4	46.4	35.4	3.7	0.2	2.71	.760
	教师对一般教育类课程的系统讲授	10.4	43.4	38.1	7.2	1.0	2.55	812
	有组织的校内教学实践	29.4.	41.4	22.7	5.8	0.7	2.9	.901
	有组织的校外教学实践	47.2	33.6	12.4	5.8	1.0	3.20	938
自己在大学期间的家教、带班经验		29.0	38.6	23.0	8.2	1.2	2.86	.967
课外自学	阅读课外书籍及相关网络教学资源	15.4	38.6	35.2	10.0	0.8	2.58	.896
	观看教学视频	17.4	43.6	29.0	9.0	1.0	2.67	900
	与老师和同学的交流	22.5	37.9	25.2	13.2	1.2	2.67	1.003

表 5-19　学科教学知识的来源对职前教师形成学科教学知识的帮助程度比较 2

来源	平均数	标准差
中小学求学期间的经历	3.21	.807
高等院校的培养	2.85	.578
自己在大学期间的家教、带班经验	2.86	.967
课外自学	2.64	.747

　　由表 5-18 可以看到，职前数学教师学科教学知识的获得途径是多种多样的，且每条途径对教师学科教学知识的获得都有贡献，只是贡献程度不同。按照对职前教师获得学科教学知识的帮助程度（贡献程度）由高到低的顺序依次为：中小学求学期间的经历、有组织的校外教学实践、有组织的校内教学实践、自己在大学期间的家教带班经验、教师对数学教育理论课程的系统讲授、浏览教学视频、与老师和同学的交流、阅读课外书籍及相关网络教学资源、教师对一般教育类课程的系统讲授。

　　将职前数学教师学科教学知识的来源分为中小学求学期间的经历、高等院校的培养、自己在大学期间的家教、带班经验以及课外自学四个大的维度，则由表 5-19 可以看到中小学求学期间的经历（如数学学习过程的一些感受体验以及任教教师对自己的影响）等对职前数学教师学科教学知识的形成与获得帮助最大，其次是高等院校的培养和自己在大学期间的家教、带班经验，这两种来源对于职前数学教师在形成与获得他们学科教学知识方面基本上具有相同的重要性，而学生课外的自学在职前数学教师学科教学知识的形成与获得过程中虽有一定作用，但其作用在这四大维度中占比最小。这也间接说明目前高师院校在培养中学数学教师方面的作用并不突出，职前教师利用课外时间主动地学习学科教学知识的意识和能力也较弱。因此这两方面的作用还有待加强，职前教师也需要更有效地利用这些资源。

　　为了更好地了解影响职前数学教师学科教学知识形成与发展的影响因素，研究者利用克鲁斯凯-沃利斯检验（Kruskal-WallisTest）对职前数学教师学科教学知识的来源进行了非参数检验，其具体结果如表 5-20 和表 5-21 所示。

表 5-20　不同类别院校职前数学教师学科教学知识来源的非参数检验 1

	学校类别	N	Mean Rank
中小学求学期间的经历	部属院校	207	310.08
	省部共建院校	189	274.12
	省属一般院校	203	313.82
高等院校的培养	部属院校	207	318.35
	省部共建院校	189	291.31
	省属一般院校	203	289.38
自己在大学期间的家教、带班经验	部属院校	207	297.61
	省部共建院校	189	297.20
	省属一般院校	203	305.04
课外自学	部属院校	207	319.02
	省部共建院校	189	277.38
	省属一般院校	203	301.67

表 5-21　不同类别院校职前数学教师学科教学知识来源的非参数检验 2

Test Statistics（测试统计）

	中小学求学期间的经历	高等院校的培养	自己在大学期间的家教、带班经验	课外自学
Chi-Square	7.295	3.631	0.288	5.856
df	2	2	2	2
Asymp.sig.	.026	.163	.866	.053

由表 5-21 可知：中小学求学期间的经历、高等院校的培养、自己在大学期间的家教及带班经验、课外自学的卡方（Chi-square）值依次为 7.295、3.631、0.288、5.856，自由度 df=2，双侧近似 P 值则依次为 0.026、0.163、0.866、0.053。由 λ^2 检验的 p-值表明，在 0.05 的水平上，中小学求学期间的经历对不同学校类别职前数学教师形成与发展他们学科教学知识方面的帮助

方面存在显著性的差异，而高等院校的培养、自己在大学期间的家教及带班经验、课外自学对于职前数学教师形成与发展自身学科教学知识的作用方面并没有因学校类别的不同而有显著的不同。换句话说，这三种来源对于不同学校类别的职前数学教师在发展他们的学科教学知识方面上基本上具有相同的重要性。这在某种程度上也间接说明由于种种因素的影响，目前高等师范院校在培养中学数学教师师资方面的作用并不突出。

有关数学教学的策略性知识是职前数学教师学科教学知识的重要构成部分。为了更好地了解职前数学教师在教育实习中运用的数学策略和方法的来源，并探究不同学校类别职前数学教师是否存在差异，研究者对此进行了调查，其结果如图 5–12 和图 5–13 所示。

由图 5–12 知：在教育实习中运用教学策略和方法的主要来源中，在中小学当学生时对老师授课方式的观察所占比例最高，为 28.7%，而自己在大学期间的家教和带班经验、大学期间相关课程的系统讲解、有组织的校内教学实践、课外自学所占的比例依次为 26.9%、20.7%、19.4%、4.3%。由图 5–13 可发现：在中小学当学生时对老师授课方式的观察这一来源中，省属一般高校所占比例最高；在有组织的校内教学实践这一来源中，部属院校所占比例最高；而在课外自学这一来源中，省部共建高校所占比例最高。

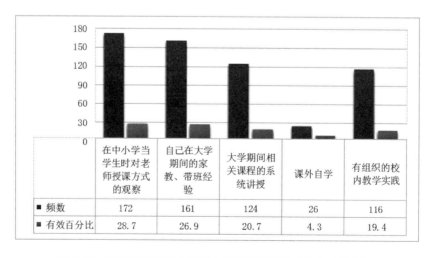

图 5–12　职前数学教师在实习中运用的教学策略和方法的来源

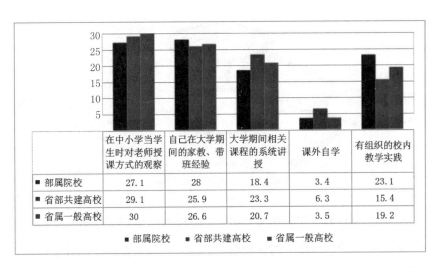

图 5-13　不同类别院校职前数学教师在实习中运用的教学策略和方法来源对比

	在中小学当学生时对老师授课方式的观察	自己在大学期间的家教、带班经验	大学期间相关课程的系统讲授	课外自学	有组织的校内教学实践
■ 部属院校	27.1	28	18.4	3.4	23.1
■ 省部共建高校	29.1	25.9	23.3	6.3	15.4
■ 省属一般高校	30	26.6	20.7	3.5	19.2

2. 职前数学教师学科教学知识形成与发展的机制

学科教学知识作为在教师专业教学活动中发挥有效作用的核心知识，其产生源于实践，并在实践中不断修正与提升。学者李琼认为：学科教学知识同时包含了正规化的成分与实践性成分。[1]毛耀忠、张锐在其文章中也提到过学科教学知识既属于应然问题，也属于实然问题；既包括纯粹的理论性知识，也包含面向实践的经验性知识。[2]基于已有研究文献及研究者自身的感受体验，研究者认为职前教师的学科教学知识是在其已有经验的基础上，在教学实际情境中，通过与情境的互动而建构形成的产物，故形成与发展职前数学教师学科教学知识的机制如图 5-14 所示。

① 李琼.教师专业发展的知识基础——教学专业研究[M].北京:北京师范大学出版社,2009.
② 毛耀忠,张锐.西方数学教师学科教学知识研究述评[J].中小学教师培训,2013(12):61-64.

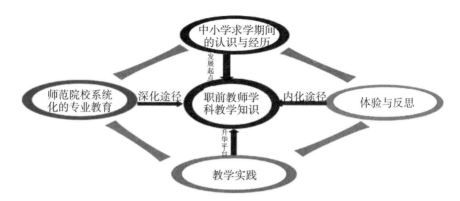

图 5-14 职前数学教师学科教学知识形成与发展的机制

首先，中小学求学期间的认识与经历是发展职前教师学科教学知识的起点。本研究发现，职前教师在中小学求学期间的经历是其形成学科教学知识的重要来源。在接受系统的专业化训练之前，职前教师已通过中小学求学期间的经历（如数学学习过程的一些感受体验以及任教教师对自己的影响）在头脑中累积储存了一些模糊而零散的学科教学知识，并内化形成了自己初步的教学信念与教学方式。如果没能把职前教师在中小学求学期间通过潜移默化形成的学科教学知识作为重要的课程资源纳入专业化的学科教学知识体系的学习，没有对学生已有的这些体验与经验进行进一步的延伸扩充或者改造重组，而将学生作为单纯的"知识接受者"直接进行职前阶段较为理论化和系统化的学科教学知识学习，就容易使学生求学期间所形成的直观经验与职前教育阶段所形成的教育理论形成割裂，使得学生会下意识地模仿或者照搬中小学求学期间一些授课教师的教学方式，而无助于学科教学知识的进一步提升与完善。综上，职前数学教师学科教学知识的系统学习需要植根于其已有的学科教学知识。

其次，师范院校系统化的专业教育是深化职前数学教师学科教学知识的途径。师范院校在学生已有知识和经验的基础上进行有针对性和实效性的教育，使职前教师已有的浅层次的学科教学知识得到了延伸扩充或改造重组。职前教师才能够从认知层面理解教学行为背后的意义和价值层面，更清晰地洞察教师设计的过程和目的，更明白地理解"为什么这么教""这么教对学生有什么好处"，进而能够从专业的角度理性评价教师的教学效果，而不仅仅只是机械模仿，能够理性地设计教学而不只是依靠浅层次的经验，这样职前教师的学科教学知识才能逐步走向专业化和科学化。

再次，教学实践是升华职前数学教师学科教学知识的平台。由于学科教学知识具有高度情境化特点，并最终应用与服务于教学实践的，故职前教师不仅要借助教学实践巩固深化和灵活应用学科教学的相关理论性知识，将外在的学科教学公共性知识内化为自己的个体性知识，也需要在实践中通过观摩教学习得一些难以用语言清晰表达和有效传递的有关学科教学知识的隐性知识。如通过系统化的理论学习，职前教师可以较好地掌握有关教师处理数学教材与学生问题时所需要的策略与技巧这方面的应然性知识，但如果没有将这些知识应用于实际教学，进行实然性验证，就难以真正形成行之有效的学科教学知识。而数学教育课程的理论性较强，没能很好地与真实的教学实践相结合，使得职前教师印象不深刻，难以内化[1]，而这也是影响其学科教学知识形成与发展的重要因素之一。因此，教学实践是升华职前数学教师学科教学知识不可或缺的重要平台。

最后，体验与反思是内化职前教师学科教学知识的途径。由于学科教学知识是经由教师自身的价值观做出判断、选择而重组的产物，[2]有意识地体验与反思不仅有助于职前教师将自身的经验以及个性化的理解融入教学理论，加深对学科教学理论性知识的理解，建构起富有个体色彩、能够有效指导教师自身教学的学科教学知识，而且体验与反思也可以更好地总结实践中的经验，把实践经验理性化，使之能够更好地迁移和转化。

（三）职前数学教师学科教学知识形成与发展的影响因素

大学是培养职前教师学科教学知识的主场所，对于职前教师而言，大学

---

① 梁永平.PCK:教师教学观念与教学行为发展的桥梁性知识[J].教育科学,2011,27(5):54-59.

② Gudmund.Values in Pedagogical Content Knowledge[J]. Journal of Teacher Education,1991,41(3): 44-52.

期间对学科教学知识的掌握程度直接决定着其日后能否独立胜任教学工作。研究者根据文本资料和对职前数学教师的问卷调查及访谈分析，认为影响职前数学教师学科教学知识形成与发展的因素主要包括数学与应用数学专业（师范类）的培养目标、课程设置、课程内容、教学方式、评价方式以及职前教师的专业意识。

1. 培养目标

高校对培养人才的目标定位具有明确的导向意识，直接制约着后续课程的设置及相关教学的实施和评价，并潜移默化地影响着学生专业发展取向。梳理我国 9 所高师院校数学与应用数学（师范类）培养方案中的培养目标，如表 5–22 所示。

表 5–22   不同高师院校数学与应用数学专业（师范类）培养目标情况

序号	学校	培养目标定位
1	BSYX1	培养德、智、体全面发展，掌握数学基本理论与方法，熟悉数学与应用数学教育的基本规律，具备较强的创新能力、数学思维能力、知识更新能力，具有现代教育观念，能适应基础教育改革发展需要，能在重点中学以及教育行政管理等部门从事教学、科研、管理的高层次专门人才，为造就教育家奠定坚实基础
2	BSYX2	本专业培养掌握数学科学的基本理论、基础知识和基本方法，能够运用数学知识和计算机知识解决若干实际问题，并且具有良好的政治思想素质、人文素养和科学素养、创新精神和实践能力的高级专门人才，为国家基础教育事业的发展培养德才兼备的高素质的一流数学师资
3	BSYX3	本专业培养德智体美全面发展、为人师表，具有良好的数学素养和坚实的数学理论基础、富有创新和开拓意识、具备较强的自主学习能力、具有较好的教育理论和较强的教学实践能力、能适应社会发展需要、具有献身基础教育事业精神的卓越数学教师和高素质专业化教育工作者

续表

序号	学校	培养目标定位
4	BSYX4	培养具有社会责任感、深厚人文底蕴、扎实专业知识，富有创新精神和实践能力的高素质人才：（1）掌握数学科学的基本理论与方法，具有较高的科学素养和较强的创新意识，能够运用数学知识，借助计算机解决实际问题；（2）掌握现代教育的基本理论与技能，能够综合运用所学的数学、数学教育以及其他领域知识思考、理解中小学数学教育实践，能够胜任基础教育数学教师工作
5	SBYX1	本专业培养具有良好数学素养，掌握数学和应用数学及其数学教育的基本理论和方法，受到良好科学研究训练、能够运用所学知识解决实际问题，能在教育、科技等部门从事数学教学和数学研究及管理工作的专门人才
6	SBYX2	培养德智体美全面发展，具有扎实的数学基础知识，掌握数学应用基本方法，具有良好的数学思维，掌握现代数学教育基本理论和基本技能，具有自主学习与自主完善能力的、富有创新精神的中等学校骨干教师、学科带头人和教育管理人才，并为更高层次的研究生教育输送优秀人才
7	SSYX1	本专业培养掌握数学科学的基本理论、基础知识与基本方法，能运用数学知识和计算机的基本理论解决若干实际问题，具备在高校和中学进行数学教学的教师和教学研究人员
8	SSYX2	本专业培养掌握数学科学的基本理论与基本方法，具备运用数学知识和使用计算机解决实际问题的能力、接受系统的教学技能训练，掌握教学规律，能在中小学进行数学、信息科学教学的教师、教学研究人员及其他教育工作者，或继续攻读研究生学位的创新型人才
9	SSYX3	本专业培养掌握数学科学的基本理论与基本方法、具有运用数学知识和使用计算机解决实际问题的能力、接受科学研究的初步训练，能在教育、科技、经济和金融等部门从事教学和研究工作，在生产、经营及管理部门从事实际应用、开发研究和管理工作，或继续攻读硕士学位的应用型和创新型人才

（资料来源：9所师范院校的官方网站）

（注：其中 BSYX 表示部属院校、SBYX 表示省部共建院校、SSYX 表示省属一般高校）

　　由表 5-22 可发现这些培养目标呈现如下问题。①目标定位宽泛，跨学段特征明显。9 所院校中仅有 2 所将培养目标定位于（重点）中学，岗位目标明确，而其余 7 所院校中，有 2 所仅给出了诸如"能在教育、科技等部门从事数学教学和数学研究及管理工作的专门人才"的较为宽泛的培养定位；有 5 所院校给出的培养目标具有"跨学段"性质，以"基础教育"或者"高校和中学"来进行表达。②目标定位多元，教学与研究并重。9 所院校中仅有 3 所院校将目标定位为培养基础教育（中学）教师，而其余 6 所院校的目标则是培养从事教学、科研、管理的人才，其中有 3 所院校在目标中明确提及了为更高层次的研究生教育输送优秀人才。

　　造成培养目标定位较为宽泛，较为多元的原因主要是基于近年来不少师范生招生比例的缩减使得师范教育面临被"边缘化"的隐忧以及拓宽学生就业渠道的需求，因此师范教育体系有所削弱。然而，目标定位的多元化和模糊化势必会影响到这些学校数学与应用数学专业（师范类）的专业化建设以及未来的发展规划，影响到后续课程的设置以及对相关教学的实施和评价。如对于一些地方性师范院校而言，其主要目的是为教育第一线输送优质中小学师资，因此需要更关注教育第一线的师资水平、条件的实际需求状况和真实教学状况，使其培养的学生能够更胜任以后的教学工作。如果抛离了这一本质目标，采用多元化和模糊化的目标定位，如既要培养研究型人才，又要培养实用型人才，既要能够从事教学、研究、管理工作，又要为继续攻读硕士生做好准备，既要为高校培养研究型人员，又要为中学培养教师，则看似大而全，反而降低了目标的可操作性，淡化了学校的特色，不仅使得教师难以准确有效地开展教学行为，对学生的行为进行引导和评价，而且也不利于职前数学教师对师范教育建立起专业认同和专业自信，如果缺乏必要的引导，易使学生对学习产生盲目，从而也无助于学科教学知识的形成。在访谈中，也有职前教师提及所在院校师范生特色不够鲜明，在校园文化中对以后为人师的理念渗透较少，并且对直接体现师范特色的教学实践重视程度不够。

　　S5：重点是培养师范生而不是毕业生，因此要从一开始就培养以后为人师的思想；

S8：对于"师范"两个字不太注重，应该专注于师范生培养；

S9：师范生特色不够鲜明，对师范生的教学实践重视不够。

2. 课程设置

课程设置是影响高师院校教学质量的核心因素，也是实现培养目标的主要手段。本节研究主要通过文本分析法和问卷调查法和访谈法来探讨课程设置对职前数学教师学科教学知识形成与发展的影响。

(1) 学科类与教育类课程占主体，数学教育类课程偏少

以 9 所样本院校所开设的数学与应用数学专业（师范类）培养方案中有关课程的设置为文本进行研究，发现培养方案中课程的层次结构主要有两种：平台式课程结构模式和模块式课程结构模式，其中 3 所院校采用平台式的课程结构模式，而其余 6 所院校均采用模块式的课程结构模式。

尽管不同院校对数学教师教育专业课程设置都注重自己的特色，对课程设置模块的划分标准、具体课程的设置原则不尽相同，但总体而言，主要由通识教育课程、学科专业类课程、教师教育课程这三大模块构成。研究将关注点聚焦于这 9 所院校数学与应用数学专业（师范类）在学科专业课程和教师教育课程这两大模块中具体开设了哪些课程以及这些课程的数量和学分。在此基础上，根据研究者对职前数学教师学科教学知识的界定与划分维度，将这两个课程模块中属于职前数学教师学科知识的课程列举挑选出来，以更好地了解职前数学教师学科教学知识课程的开设状况以及课程设置对职前数学教师学科教学知识的形成与发展过程的影响。需要说明的是，虽然一些院校在培养方案中将数学思想方法这门课程纳入了基础数学模块，将数学建模纳入了应用数学模块，但研究者认为这两门课与（中学）数学教学关系密切，将其归入了职前数学教师学科教学知识中有关数学课程内容的知识领域。由于本研究选取的 9 所被调查的样本院校中，有 2 所院校（其中包括省部共建院校 1 所、省属院校 1 所）有部分教师教育类课程未在培养计划中列出，所以这两所院校不作为统计样本进行对比研究。

本文将这 7 所院校数学与应用数学专业（师范类）的课程开设情况以表

格呈现（详见附录六），并以其中一所省部共建院校 SBYX1 数学与应用数学专业（师范类）为例，在表 5–23 中呈现了其开设的具体课程。

表 5–23　某师范大学数学与应用数学（师范类）课程设置情况

课程类型		课程名称
学科 类课 程	学科必修类课程	数学分析高等代数解析几何（共 3 门）
	专业必修类课程	常微分方程复变函数概率论与数理统计实变函数近世代数泛函分析 拓扑学 C 语言运筹学微分几何大学物理（共 11 门）
	专业任选课程	高等几何 VF 程序设计计算方法（推选）数学建模图论（推选）数学史模糊数学随机过程数学实验（推选）分析选讲（推选）代数选讲测度论 生物数学（推选）常微分方程 II（推选）数学物理方程统计与预测（16 门课中选 8 门）
教师 教育 类课 程	必修课程	教育学概论发展与学习心理学教育研究方法基础信息化教学环境应用 班级管理与班主任工作信息化教学（共 6 门）
	学科限选课程	中学数学课程标准与教材研究数学课程与教学设计（共 2 门）
	任选课程	从儿童发展与学习中学教育基础中学学科教育与活动指导心理健康与道德教育职业道德与专业发展 5 个系列中至少选读 3 学分课程

（注：推选表示推荐学生选修的课程）

　　数学专业类课程主要包括：数学分析、高等代数、解析几何、概率论与数理统计、常微分方程、微分几何、泛函分析、运筹学、近世代数、复变函数等。这类课程旨在提升学生的数学素养、数学思维，以及应用数学解决实际问题的意识。

　　教师教育类课程主要包括：教育学概论、发展与学习心理学、班级管理与班主任工作、教育研究方法基础、教育技术应用能力训练等。这类课程能帮助学生了解教育规律，拓宽教育视野，形成科学的教育理念。

　　数学教育类课程主要包括：数学课程与教学论、数学课程标准与教材设计、数学教育心理学、中学数学教材分析以及与初等数学相关的如：现代数学观点下的中学数学、中学数学解题指导、初等数学研究、竞赛数学、数学史、数学教育研究方法等课程。这类课程的设置能使学生获得关于数学教与学的教育理论知识，还可以使学生在近、现代数学观点下高屋建瓴地理解和掌握中学数学的体系和内容。所以，数学教育类课程在数学教师教育专业课程体系中处于核心地位。

①数学学科类课程较为强调学术性，而师范性体现不够充分

由表 5-23 和表 5-24 可以看出：数学专业类课程比例最大、门数最多，学分偏高，有一些课程很难直接建立起与中学数学教学的相关性，对主要从事数学教学的职前数学教师而言，有"偏深、偏难之嫌"，并且由于教学中较为强调具体知识点的掌握，而对数学思想方法的渗透不够充分，使得职前教师难以感受到对中学数学教学的作用。

S7：我感觉专业课对以后教学没多大作用。毕竟，现在就业十分难，学习如"数分、高代"等只是为了顺利毕业，反而对以后参加中小学教育没有多大帮助。

②教师教育类课程较为零散，难以满足学生的实际需求

教师教育类课程中的必修课多为教育学、心理学等普适性的基础性课程，它们虽然能够为教师从教奠定基础，但迁移应用于数学教学并不容易。而选修课可供选择的科目较多，但课程容易受制于师资因素的影响而开设的随机性较强，比较零散。正如访谈中职前教师所提及的："过于形式主义化，不注重实际"，"课程太多，但多而不精，大都只学习了皮毛，不敢深究"。因此，教师教育类课程的设置需要以学生专业发展的需求来系统规划。就职前教师而言，其面对的教学对象是学生，他们迫切需要了解有关学生学习风格、学习机制与学生心理、班级管理与班主任工作、现代教育技术等与日后的教学工作密切相关的课程以及基于教师应聘考试的需要而开设的一些专题讲座，但目前这些课程开设不够或者甚至没有开设。此外，除为数有限的必修课和限选课外，教师教育类课程往往是以任选课的形式来开设，虽然这有利于职前教师根据自己的实际需要进行选择，但学生对任选课程的重视程度不够，且因种种因素的制约，职前教师未必能如愿选到对专业成长非常有帮助的课程，因此可以增加教师教育类课程的必修课或者限选课，并且开设的课程要更符合学生的实际需求。

S2：缺乏对学生的知识及了解学生学习风格、学习机制、缺乏在实践中对教与学的评价；

S3：在讲心理学、教育学时，太理论化，兴趣不高；理论联系实际太少；

S6：师范生除了专业知识修养以外，更应该注重学生这个主体的研究，教育毕竟是育人，教师心理培训，学生心理研究区、案例分析是比较欠缺的；

S8：教的与就业考试的内容不太相符合，缺少针对教师公招笔试和面试的指导和培训。

③数学教育类课程的设置业界还没有形成共识，院校间差异较大

数学教育类课程架设了教育课程与数学课程相互融合的桥梁，有助于直接推动数学教学的开展。但在职前阶段开设科目为数有限，所占比例最小，且多以任选课形式呈现，但按照其培养方案的规定，学生也可以不选修，因此重视程度还有待提升。在 7 所被调查院校中的开设的职前数学教师学科教学课程体系的必修课（包括限选课）最多为 7 门，最少为 2 门。其中 1 所院校开设 7 门，1 所院校开设 4 门，3 所院校各开设 2 门，2 所院校各开设 3 门。其中数学课程与教学论、中学数学课程标准及教材研究、数学课程与教学设计这三门课被选的频率较高。各院校必选课（包括限选课）以及任选课中学科教学知识的科目数量以及具体课程门类均存在较大差异。这表明数学教育类课程的开设不仅受培养目标定位和师资条件等制约，更说明职前数学教师应具备哪些学科教学知识在学界远没有达成共识，使得数学与应用数学专业（师范类）对于设置哪些数学教育类课程，教哪些内容，教到什么样的程度以更好地提升职前数学教师的学科教学知识一直存在着较大分歧，因此，在实际的课程设置过程中存在一定的经验性和随意性，缺乏实证层面的研究作为支撑。①

---

① 黄友初.基于数学史课程的职前教师教学知识[D].上海:华东师范大学,2014.

数学教育类课程开设不全面，也重视不够。有关学生学习数学的知识和有关数学教与学的评价性知识是非常重要的学科教学知识，但从所调查的 7 所师范院校课程设置情况来看，将数学教育心理学作为必修课程开设的只有 1 所院校，作为选修课程开设的只有 2 所院校。而将数学教学评价与测量作为选修课程开设的只有 1 所院校，而其他学校均没有设立这些课程，并且需增设数学史、数学解题研究、中学数学研究等与中学数学实际教学相关的课程。

S7：应该增加相关课程来加深对相关内容来源的了解，如数学史课程，适当增加学科教学的课程，应更加注重师范生学科方向的初等数学课程，对于中学课程没有进行系统复习与讲解；

S8：教育培养专业化，不仅要开设高等代数等学科知识的课程，也应该组织学生重新学习了解中学数学知识；

S11：缺少数学教学评价与评估的知识，加大现代教育技术的学科性；

S12：可考虑在大一开设过渡班，如数学史，系统讲解数学结构，设置具体的数学解题研究，有针对性的中小学数学内容等；

S14：增设数学课堂教学心理学方面的课程，加强对数学教材的全面了解。

为了解数学教育类课程对职前数学教师从事教学的帮助程度，并比较不同类别院校之间的差异，研究者对此进行了调查，其结果如图 5-15 和图 5-16 所示。

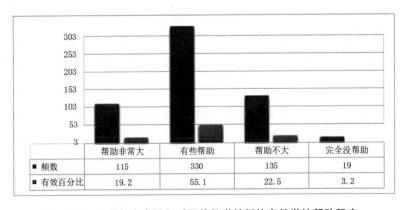

	帮助非常大	有些帮助	帮助不大	完全没帮助
■ 频数	115	330	135	19
■ 有效百分比	19.2	55.1	22.5	3.2

图 5-15　数学教育类课程对职前数学教师从事教学的帮助程度

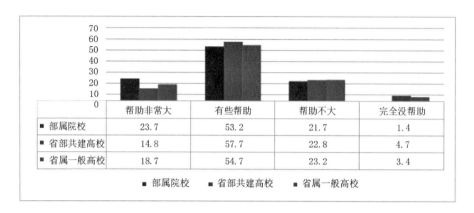

图 5-16　不同类别院校数学教育类课程对职前数学教师从事教学帮助程度的对比

由图 5-15 可知：在数学教育类课程对其从事教学的帮助程度方面，职前教师认为"帮助非常大"、"帮助不大或者完全没有帮助"、"有些帮助"的比例分别为 19.2%、25.7%、55.1%。将近四分之三的职前教师认为数学教育类课程对其教学有些帮助或者帮助非常大，这说明数学教育类课程的开设对职前数学教师顺利开展数学教学发挥了一定作用，而超过四分之一的职前教师认为帮助不大或者完全没有帮助。其原因除数学教育类课程的教学效果是潜移默化的，难以立竿见影地显现外，也与当前数学教育类课程的设置有密切关系。因此，改革与完善数学教育类课程的设置具有较强的迫切性和必要性。由图 5-16 可知：部属院校、省部共建院校、省属一般高校的职前数学教师认为帮助非常大的比例依次为 23.7%、14.8%、18.7%，认为帮助不大或者完全没有帮助的比例则依次为 23.1%、27.5%、26.6%。故数学教育类课程对自己从事数学教学帮助方面的认可度上，部属院校最高，省属一般高校次之，而省部共建院校最低。

为了解职前数学教师对当前数学教育类课程的满意程度，并比较不同类别院校之间的差异，研究者对此进行了调查，结果如图 5-17 和图 5-18 所示。

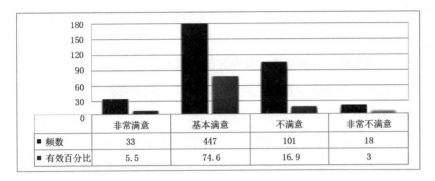

图 5-17　职前数学教师对数学教育类课程的满意程度

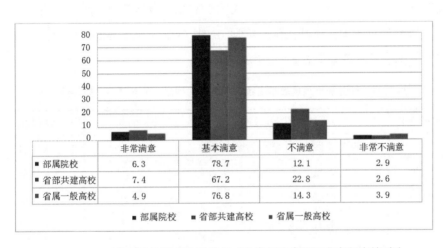

图 5-18　不同类别院校职前数学教师对数学教育类课程满意程度的对比

由图 5-17 可知：在对学校开设的数学教育类课程满意程度方面，认为"非常满意"、"较不满意或者非常不满意"的职前教师所占比例分别为 5.5%、19.9%。而其余将近四分之三的职前数学教师对所开设的数学教育类课程"基本满意"，这说明职前数学教师对所开设的数学教育类课程的总体满意度较高，但仍未完全达到绝大多数学生对这门课的期望值，故数学教育类课程的教学质量仍有较大的提升空间。由图 5-18 可发现：部属院校、省部共建院校、省属一般高校的职前数学教师对学校所开设的数学教育类课程"非常满意"的比例依次为 6.3%、7.4%、4.9%，而部属院校、省部共建高校、省属一般高校的职前数学教师对学校所开设的数学教育类课程"不满意或者非常不满意"的比例分别为 15.0%、25.4%、18.2%。故省部共建院校对数学教育类课程开设的满意度和不满意度都最高，在内部差别较大。

（2）实践类课程比例偏低，且缺乏行之有效的考核方式

师范教育在培养职前教师正确的从教理念、职业道德和必要的文化知识外，也须重视教学方法和技能的培养。当前以实践为导向的理念虽提升了教育实践课程的设置比例，但仍难以改变以理论课程传授为重心、实践课程设置科目和课时不足的问题。为数不多的学科教育类课程中也多以理论讲解的形式完成，使得学生对教学的理解和认识多停留于宏观概念层面，没能有效地转化为教学力。为了更好地了解我国当前职前数学教师实践教学的实际状况，研究者对我国九所师范院校数学与应用数学专业（师范类）的实践教学进行了调查，其结果如表 5-24 所示。

表 5-24　部分师范院校教学实践数学环节的构成、时长及分布时间统计表

高校名称	实践教学环节的主要构成	时长	分布时间
BSYX1	基础实践 1：中学数学微格教学	18 学时	第 6 学期
	基础实践 2：教育见习	9 学时	第 6 学期
	基础实践 3：教育调查	9 学时	3—7 学期
	应用实践（教育实习）	108 课时	第 7 学期
	毕业论文	72 课时	第 8 学期
BSYX2	教育见习	2 周	第 4—6 学期
	教育实习	8 周	第 7 学期
	毕业论文（设计）	6 周	第 8 学期
BSYX3	教育教学实习	8 周	第 6 学期
	毕业论文（设计）	4 学分	第 8 学期
	教学能力测试	1 学分	
	劳动与社会实践	1 学分	第 2 学期
BSYX4	教育见习	1 学分	第 1—6 学期
	教育实习	4 学分	第 7 学期

续表

高校名称	实践教学环节的主要构成	时长	分布时间
BSYX4	专业实践与社会调查	1学分	
	科研训练	1学分	第3—6学期
	毕业论文	2学分	第7—8学期
SBYX1	教育见习	2~6周	第2—6学期
	教育实习	10~16周	第7学期
	教师专业能力培养训练	162学时	第1—6学期
	学年论文	1学分	第5—6学期
	毕业论文	5学分	第7—8学期
	劳动与社会实践	27学时	第2学期
SBYX2	微格教学	1学分	第5学期
	教育调查	0.5学分	第1—2学期
	教育见习	1.5学分	第3—6周
	教育实习	8周	第7学期
SSYX1	微格教学训练	2学分	第6学期
	教育见习	2周	假期
	教育实习	14学分	第7—8学期
	毕业论文	6学分	第8学期
SSYX2	汉字书写技法与板书	0.5学分	第7学期
	普通话与教学语言	0.5学分	第3学期
	教学技能实训	2学分	第1—4学期
	教育见习	2学分	第4—5学期
	教育实习	12周	第7学期
	毕业论文（设计）	8学分	第7—8学期
SSYX3	教育见习	1周	第7学期
	教育实习	12周	第7—8学期
	毕业论文	8周	第7—8学期

从表 5-24 可知：教育见习、教育实习以及毕业论文（设计）是当前师范院校教学环节的主要构成，一些院校还增设了微格教学、教学能力测试。实践教学的学分在 8%~17% 之间，但不少院校在培训教师教学技能时缺乏过硬的、系统化的训练内容以及明确而科学的考核目标，考核方式均为考查课，这不仅制约了职前教师学习的积极性，也影响了教学效果。

在教育实习方面，实习时间较短，并基本都安排在第七、第八学期。调查显示：除两所院校的教育实习分别为 10—16 周和 12 周外，其余绝大多数院校的教育实习时间为 8 周。这不仅与《教育部关于大力推进教师教育课程改革的意见》（教师〔2011〕6 号）所明确提及的"师范生到中小学和幼儿园教育实践不少于一个学期"有明显的差距，更与其他国家的教育实习时间相差很大。比如美国的教育实习时间普遍在 15 周以上；英国的教育实习和教育见习总时数在 20 周以上，且规定师范生在四年的学习过程中需要在多所学校进行教育实习和见习；法国教育部更是于 1986 年规定师范生三分之一的时间应用于教育实习[①]。

在对职前教师征询有关当前课程设置方面的意见时，发现"理论课程多，实践课程少"、"实习时间短"、"实习安排晚、实习机会少"、"校内实践教学机会少"是其最为突出的问题。因此，在实践教学环节中给予学生更多实践的机会，并增设有关数学教学技能及其相关教学知识的课程和课时非常重要。

S3 只有真正的课堂才会培养锻炼出师范生的职业素养及更专业的教学技能，但事实是，很多院校都难有实践机会，仅有的实习机会却因时间太短而难有成效，应当让学生多进行实践训练，理论知识配合实践才更有效果；

S5 希望学校多增加一些有关教学技能及其相关教学知识的课程，此外，若能增加一些教学实践机会就更好了；

---

① 刘远碧.师范生教育实习制度与教师资格证国考的冲突及改革路径[J].教育与教学研究，2017,31(8):117.

S6 比较注重理论知识的教学，没有联系学生的实际训练，可以多设置微格课，加强学生上课的实际体验，多点实践机会和对实践的指导；

S9 大学课堂的微格教学课时不够多，教师很多时候都没办法针对性地指导学生在关于实际操作的课程较少，在学校的时间里比较少接触实际的课堂。

3. 课程内容

课程内容是根据培养目标和课程目标，有目的地选择相关知识技能等，是实现培养目标的主要教学内容，体现了高师教育的特色，也是保证教学质量的关键。

(1) 课程内容难以与时俱进，适应中学数学教学的实际需要

首先，数学专业课程偏重对具体知识的传授，在提升数学素养方面的作用发挥不足。虽然数学专业课程设置的门数不少，但偏重从微观学科层面强调单科课程的完整性，而较少从整体和宏观的视角审视数学的知识体系，注重学科具体知识点和技能的学习，而对隐含于知识背后的数学思想方法重视不够。数学科目间的相互割裂所造成的知识"零散化"和"碎片化"使得职前教师难以从整体上理解和把握数学的知识体系以及相关内容间的关联性，进而将所学到的数学知识迁移应用于实际教学的能力偏弱，因此有职前教师认为"高等数学对中学教学的指导欠缺，师范生知识不系统"。而且数学专业课程缺少对现代数学新进展、新成果等前瞻性数学知识的关注也束缚了职前教师的数学视野。

其次，数学教育类课程偏重从自身理论体系的完整性和系统性来讲解，而对中学数学教学实践以及正在进行的基础教育课程改革关注不足。例如，自 2001 年新一轮基础教育课程改革以来，数学课程体系和内容出现了大幅度变化，但以初等数学研究、数学方法论、数学竞赛等为代表的数学解题类课程从知识体系到具体内容均没有随着新课改而发生较大改变，从而使得目前的教材内容难以涵盖中学数学新课程的内容，与中学数学教材的实际内容相匹配。在"可供选用的教材较少，且多不理想，针对性不强，不能适应新形势下数学教育改革与发展的需要①"的情况下，难以真正发挥这些课程对中学数学教学的指导与引领作用。例如，新课程中增加了"研究性学习"的内容，但相当比例的教师对"研究性学习"的理解和实施充满困惑和茫然，不能自主设计教学方案，从而使新课程的实施效果受到了影响②。这与职前阶段缺乏研究性课程和研究性教学也有直接关系。

最后，以数学教学论、课程论为代表的数学教育理论课程中偏重对理论知识的讲授，而对这些理论如何在实际教学中的应用关注不够，并且使用案例较为陈旧。例如笔者在研究中发现职前数学教师对诸如教学教案的设计要求、如何科学设计教学目标和教学计划等有关数学教学的策略性知识掌握得很好，但在具体的教育实践中欠缺比较严重。

S3：课上理论过多，案例陈旧且已然不适应时代发展，

S4：注重理论知识以及数学逻辑思维培养，开设课程缺乏与小学、初中、高中的联系，包括要运用大学课程的观点去理解这些；

S6：教学内容不够接地气，可应用得较少；

S9：脱离中小学教学实际；没有实践，纸上谈兵，无所用；

S10：师范生对教材与教学目标、教改等太不熟悉；

S27：与新课程改革、一线教研联系不足；过于重视理论；

S28：对中小学内容理解少，实践经验缺乏（大学教授课程与实际脱节）；

S30：大学课程与中学内容联系不大，教学设计类课程还应增多，加强；另外对课本的知识体系研究较少。

在调查当前数学教育类课程存在的主要问题这一含有多个选项的题目时，按照选项被选择次数的多少以及各选项所占比例计算三类院校的总体情况并对不同类别院校进行对比，其结果如图5-19和图5-20所示。

---

① 方艳溪,陈兴炼,廖玉怀.新课改下高师初等数学研究课程教学改革对策[J].文山师范高等专科学校学报,2009,22(4):98-101.
② 姚玉环."研究型"教师职前培养与师范生毕业论文质量问题[J].中国大学教学,2008(7):78-79.

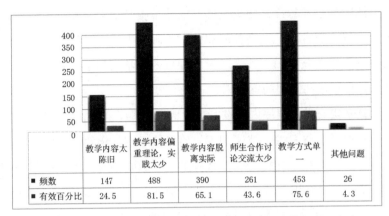

	教学内容太陈旧	教学内容偏重理论，实践太少	教学内容脱离实际	师生合作讨论交流太少	教学方式单一	其他问题
■ 频数	147	488	390	261	453	26
■ 有效百分比	24.5	81.5	65.1	43.6	75.6	4.3

图 5-19　目前数学教育类课程中存在问题的调查

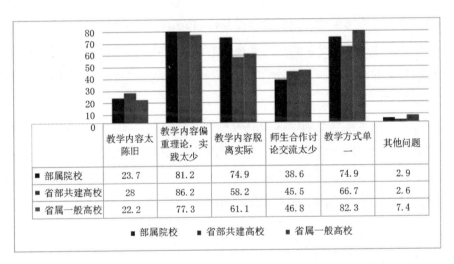

	教学内容太陈旧	教学内容偏重理论，实践太少	教学内容脱离实际	师生合作讨论交流太少	教学方式单一	其他问题
■ 部属院校	23.7	81.2	74.9	38.6	74.9	2.9
■ 省部共建高校	28	86.2	58.2	45.5	66.7	2.6
■ 省属一般高校	22.2	77.3	61.1	46.8	82.3	7.4

■ 部属院校　■ 省部共建高校　■ 省属一般高校

图 5-20　不同类别院校数学教育类课程教学中存在问题对比

　　由图 5-19 和图 5-20 可知，职前数学教师认为当前数学教育类课程存在的问题依次为教学内容偏重理论，实践太少，教学方式单一，教学内容脱离实际，师生合作交流太少，教学内容太陈旧，其他问题，这些选项所占比例分别为 81.5%、75.6%、65.1%、43.6%、24.5%、4.3%。由此教学内容偏重理论与实践太少、教学方式单一、教学内容脱离实际是不同类型院校职前数学教师所共同认为的当前数学教学教育类课程中最集中、最突出的三个问题。此外，教学内容太陈旧、师生合作讨论交流太少在选项中也占较大比例。相对来说，部属院校和省部共建高校的职前数学教师认为在教学内容方面的问题更突出一些，而省属一般高校的职前数学教师则认为在教学方式方面的问题更集中一些。由此可知，数学教育类课程的教学内容是影响职前数学教师学科教学知识形成与发展的重要因素。

（2）教学实践类的课程内容难以有效地指导教学实践，可迁移性弱

以微格教学、数学教学技能训练、信息技术在数学教学中的应用等为代表的教学实践类课程旨在提升职前教师的数学教学技能，但其教学内容多为应然性、描述性的知识，缺乏具体的数学教学情境和案例参照，可操作性差，训练目标不够明确，使得职前教师学得较多的是"怎么教"的技能型知识，难以从理论高度明晰"为什么这么教"，导致知识的可迁移性弱，容易使教学实践类课程沦为感受性、模仿性、重复性的低效教学实践，对提升职前教师的教学能力作用不明显，难以达到预期的教学效果。因此正如职前教师在访谈中所提及的："增加实践教学的东西，不要只是为了应付，开设课程的意义应该最大化。"

总之，数学教育类理论课程的内容难以适应中学数学教学的实际需要，而实践类课程的内容缺乏具体数学教学情境和案例参照，可操作性差，也缺乏相应的理论知识来引领，从而导致了理论知识与实践教学难以有效融合和匹配，这也是导致职前教师学科教学知识欠缺的重要因素之一。

4. 教学方式

（1）教学方式日趋多样化，但仍与学生的需求存在较大差距

为更好地了解我国当前数学教育类课程中主要采用的教学方式，并比较不同类别院校之间的差异，研究者对此进行了调查，其结果如图 5-21 和图 5-22 所示。

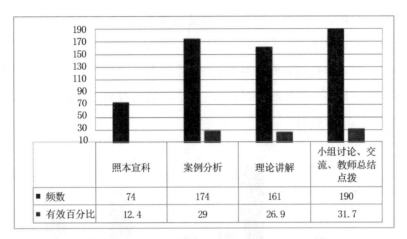

图 5-21　数学教育类课程使用教学方式的统计情况

	照本宣科	案例分析	理论讲解	小组讨论、交流、教师总结点拨
■ 频数	74	174	161	190
■ 有效百分比	12.4	29	26.9	31.7

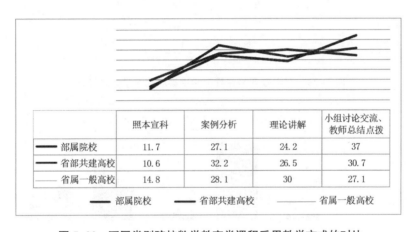

	照本宣科	案例分析	理论讲解	小组讨论交流、教师总结点拨
—— 部属院校	11.7	27.1	24.2	37
—— 省部共建高校	10.6	32.2	26.5	30.7
省属一般高校	14.8	28.1	30	27.1

—— 部属院校　　　—— 省部共建高校　　　—— 省属一般高校

图 5-22　不同类别院校数学教育类课程采用教学方式的对比

由图 5-21 可知，职前数学教师对大学期间数学教育类课程主要教学方式这一问题，选项为照本宣科、案例分析、理论讲解、小组讨论交流，教师总结点拨的比例依次为 12.4%、29.0%、26.9%、31.7%。故当前大学数学教育类课程的教学方式较为多样化，小组讨论交流，教师总结点拨、案例分析、理论讲解是当前较普遍采用的教学方式。由图 5-22 可知，部属院校、省部共建高校、省属一般高校的职前数学教师选择照本宣科和理论讲解这两个选项中的比例之和依次为 35.9%、37.1%、44.8%。相对而言，对于小组讨论交流、教师总结点拨这一选择，部属院校选择的比例更高一些，省部共建院校则更倾向于案例分析，而省属一般高校在理论讲解及照本宣科这两个选项的比例均高于其他两类院校。

为更好地了解我国职前数学教师在数学教育类课程的学习中所喜欢的教学方式，并比较不同类别院校之间的差异，研究者对此进行了调查，结果如图 5-23 和图 5-24 所示。

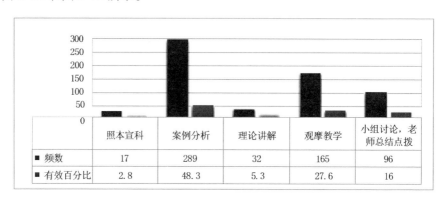

图 5-23　数学教育类课程中学生喜欢的教学方式统计

	照本宣科	案例分析	理论讲解	观摩教学	小组讨论，老师总结点拨
■ 频数	17	289	32	165	96
■ 有效百分比	2.8	48.3	5.3	27.6	16

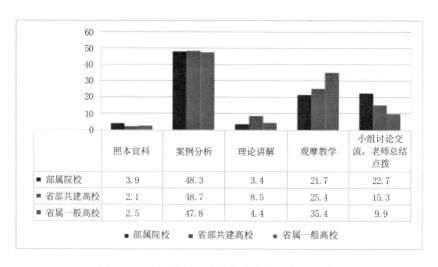

图 5-24　不同类别院校学生喜欢教学方式的对比

	照本宣科	案例分析	理论讲解	观摩教学	小组讨论交流，老师总结点拨
■ 部属院校	3.9	48.3	3.4	21.7	22.7
■ 省部共建高校	2.1	48.7	8.5	25.4	15.3
■ 省属一般高校	2.5	47.8	4.4	35.4	9.9

■ 部属院校　　■ 省部共建高校　　■ 省属一般高校

由图 5-23 可知，对于在数学教育类课程中学生喜欢的教学方式这一问题，选项为照本宣科、案例分析、理论讲解、观摩教学、小组讨论交流，教师总结点拨的比例依次为 2.8%、48.3%、5.3%、27.6%、16.0%。由此可知在数学教育类课程中学生最喜欢的前三项教学方式依次是案例分析、观摩教学、小组讨论及交流与教师总结点拨。而照本宣科和理论讲解两个选项的比例之和仅有 8.1%，这与实际教学中以照本宣科和理论讲解为主要教学方式的比例高达 39.3%形成了鲜明的对比，这说明实际的教学现状与学生的期待产生了较大偏差，数学教育类课程的教学方式与职前教师的需求之间存在着不小的"裂痕"。而从对职前教师的访谈中也可以得出教学方式单一、重结果而忽视过程、缺乏对学生学习兴趣的培养、师生之间缺乏互动与交流等也弱化了职前教师学习学科教学知识的兴趣。

S4：应该改变传统的数学教学模式，多让学生提出问题，老师来解答，而不是一节课让老师一直讲，讲到下课；

S6：现状中都是照搬，没有新颖，一味追求结果而不注重内容及其过程，教学方式比较单一，教师在讲问题时，总是缺乏技巧性；

S9：教学方式过于死板，缺乏交流与合作，教师缺乏耐心，不善于与学生进行交流学习，实践机会太少，太偏重理论知识；

S13：教师注重理论的解读、有的是盲目的，不注重实践，一味的填鸭式的教学，会使学生心生厌烦，机械地去学习；

S15：过于注重形式化教学，缺乏对学生学习兴趣的培养；

S16：教学方法没有新意、单一、照搬模式严重。

由图 5-24 可知，从不同类别学校的职前数学教师在具体选项的比例来看，将近一半的调查者都认为案例教学是自己在数学教育类课程中最喜欢的教学方式，这一共识几乎不存在校际的差异。因此提升学生的参与性，将理论融于实际教学情境是今后数学教育类课程应倡导的教学方式。并且省属一般高校的职前数学教师将观摩教学作为最喜欢教学方式的比例为 35.4%，远高于部属院校的 21.7%和省部共建院校的 25.4%，部属院校的职前数学教师将小组讨论，教师总结点拨作为最喜欢教学方式的比例为 22.7%，远高于省部共建院校的 15.3%和省属院校的 9.9%。而对于理论讲解而言，省部共建院校的职前数学教师对理论讲解这种教学方式的喜欢程度较另外两类院校更高一些。

(2) 职前数学教师参与教学活动的深度与广度有待提升

为了了解职前数学教师在数学教育类课程中参与教学活动的深度与广度，并比较不同类别院校间的差异，研究者对职前数学教师在数学教育类课程中，是否有机会参与小组讨论展示与任务型教学活动进行了调查。

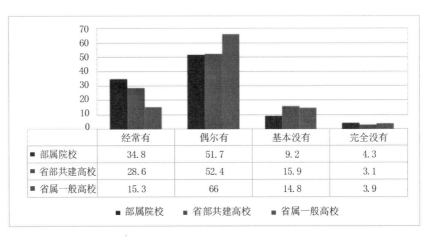

图 5-25   不同类别院校职前数学教师参与教学活动的频率统计对比

对于在数学教育类课程中，您是否有机会参与小组讨论展示与任务型教学活动这一问题，职前数学教师认为自己"经常有"、"偶尔有"、"基本没有或者完全没有"的比例分别为 26.2%、56.8%、17.0%。就不同学校类别而言，省部共建高校和省属一般高校约有五分之一的职前数学教师在数学教育类课程中基本没有或者完全没有机会参与小组讨论展示，而部属院校职前数学教师在数学教育类课程中基本没有或者完全没有机会参与的比例约有13.5%。由此可知部属院校的职前数学教师在数学教育类课程中参与小组讨论展示和任务型教学活动的频率比省部共建高校和省属一般高校的机会更多。而对职前教师的访谈："教学中让学生上讲堂模拟授课，而不是讲纯理论的案例分析""学生上讲台主动展示的机会较少，教学中应该多分享交流，相互学习""实习期间理论几乎都忘记了，也没有运用到课堂中，数学教育类课程自己锻炼的机会太少"也充分说明数学教育类课程主动参与、展示机会的缺乏，使得职前教师在学科教学知识的学习过程中难以有深刻的感受和体验，对知识的接受流于表层，就容易忘记更不可能较好地运用于实际教学。

(3) 教学实践方式单一，难以满足职前教师实际需求

①校内教学实践

除集中参与教育实习（见习）外，师范院校平时很少组织职前教师去中学进行观摩教学，而在校内教学实践过程中，职前教师参与教学实践的机会有限，并且在模拟教学课堂中缺少教学主体——学生，因此教学均是在理想状态下进行，因此与中小学实际的教学情境差异较大，只能起到训练教学基本功，为教育实习作铺垫的作用。由于在校内实践教学过程中，缺少相应案例分析、观摩学习及相应的培训，操作任务不明确，再加上自己重视不够，使得一些职前教师"上讲台次数基本为零"，在学校期间积累的经验相当有限，从而在实习中难以适应真实的学校教学环境，教学管理能力的缺乏和教学基本功的不扎实又影响了其在实习过程中的发挥。

S4：在学校期间积累的教学实践经验太少，没有长时间充分的锻炼，上讲台次数基本为零；

S6：师范生对现实的学校教学环境一无所知，缺乏教学管理能力（实习时严重摸不到头绪）；

S8：把针对师范生的技能训练从大三才开始太晚，此时学生面临实习、找工作等诸多问题，训练太晚了不利于学生发现自身所存在的诸多问题；

S11：教学技能的培养太少，导致大部分学生理论性知识多，实践能力差；

S13：不注重培养学生自身当老师的专业技能；

S14：通过实习，觉得上课实践经验特别重要，大学里的师范生培养缺乏实践课的观摩和学习。

在以微格教学、数学教学技能训练为代表的校内教学技能训练和模拟教学过程中，由于设备条件、师资力量、重视程度等因素的制约，部分师范院校对师范生技能训练课程缺乏很好的组织和规划，加之训练目标以及达到的程度不明确，激励机制欠缺以及学生多，指导教师的实际状况，教师在教学中难以一对一地针对性指导，并且即使教师进行指导，也多以描述性评价为主，可操作性差。由于缺乏系统性的指导和有效的改进手段，使得不少教学实践往往沦为感受性、模仿性、重复性的教学演练，职前教师的教学技能难以得到质的提升，从而不足以调动学生参与教学实践的积极性，难以起到为实习作准备的作用。因此，对职前教师的实践教学缺乏针对性的指导已成为实践教学效果的瓶颈。

S5：多些上台讲、请老师点评；教师单对单的指导较少；

S7：教师很多时候没办法针对性地指导学生；

S9：教师对学生的指导较少，学生在实践过程中要靠自己去摸索；

S10：加强数学实践，教师对每位学生在教学方面的问题提出针对性的建议；

S13：缺少实践以及对应的指导，只会让错误的教学方法延续下去，而不知道如何改进自己的错误。

②校外教育见习（实习）

职前教师教育见习的时间不够长，很少有机会去教学一线观摩实际教学，使得他们对实际的数学教学和数学课堂了解不够深入，从而难以为接下来的教育实习奠定教学基础。而在教育实习过程中，存在的问题主要是实习时间太短、实习过程中真正走上讲台锻炼的机会少以及在实习过程中缺乏相应的指导、跟进、评价，从而弱化了职前教师通过实习来习得学科教学知识的能力。

S1：在实习过程中，更多的是"作小二"，有些人在实习过程中真正上不了几节课，有些是在上不是本专业的课；

S2：有些带队老师带实习老师过去，不作为，完任务，没有与实习学校进行有效合作，让实习生实习只是走过场弄学分；

S4：在实习的时候应尽量安排一位指导教师跟进、随时指出问题，而不是顶岗支教；

S7：实习时间太短，有些刚适应就已经离开，书面任务较多，主要以听课为主，起不到实习的作用；

S9：首先实习机会只有一次，实习安排不完全合理，实习期间上课机会少；

S11：实习时间太短，没有经历整个周期，对学生的需求把握不到位；

S12：实习期间要求不严格，在一定程度上没有实现学生到老师的角色转换；

S13：实习时有同学不能实习本学科内容，上其他学科的概率太大；

S14：在教育实习过程中，数学师范生进行教学实习，有点像摸着石头过河，有些只能看不能实践，没有形成更平均、更系统、更高效的教学学习和实践过程；

S15：实习期间，真正站在讲台上授课的时间及次数太少，而只有自己进行授课，才会发现问题所在；

S18：规范实习基地，并且实习指导教师的教学指导要到位，不能把学生放在实习基地后就不管不问。

③课外教学资源的拓展

由于课内教学实践并不足够，而且有组织的校外教育实习中学生接触实际教学的时间和机会也有限，且在实习中难以尽快适应中小学的教学要求，因此职前数学教师学科教学知识的学习迫切需要拓展课外教学资源。2011年教育部最新颁布的《关于大力推进教师教育课程改革的意见》[①]（教育部教师〔2011〕6号）中第七条为：加强教师养成教育"注重未来教师气质的培养，营造良好教育文化氛围，激发师范生的教育实践兴趣……开展丰富多彩的师范生素质培养和竞赛活动"。

然而，在与职前数学教师的访谈中了解到，师范院校的课外教学资源本应作为"学科教学类课程"的有益补充，是加强职前教师养成教育的重要阵地，但实际上，师范院校课外活动的师范特色还不够突出，有组织的师范技能训练及相关的说课大赛、数学设计大赛等活动并不足够，而且包括多媒体

---

①　中华人民共和国教育部. 关于大力推进教师教育课程改革的意见：教师〔2011〕6号[A/OL].（2011-10-19）[2018-3-30].http://www.moe.gov.cn/srcsite/A10/s6991/201110/t20111008_145604. html.

技术、微格教学室等师范生技能培养平台较为有限，而这都影响了职前数学教师在课外时间对学科教学知识的学习。

S3：学校举办的说课大赛、板书设计等，这样的活动太少；

S4：师范生技能培养设施不够，没有提供良好的师范生培养平台；

S6：与数学相关的多媒体技术教学落实情况不是很好；

S7：设备有限；好多操作的目标与执行有落差，不注重教学技能的培养；

S8：班级进行有组织的师范技能训练，不够灵活。

5. 评价方式

（1）缺乏有效的实践教学考核方法，难以科学地评判职前教师的教学能力

国家教师资格考试已经将教学实践能力作为教师入职考试的重要组成部分，但目前除普通话水平测试和"三笔字"考核比较规范外，以微格教学、数学教学技能训练为代表的校内实践教学课程，不仅考核方式多为考查课，而且考核和评价机制比较笼统和宽泛，在具体落实的时候往往缺乏可操作性，使得考核内容多取决于任课教师对课程的把握，成绩的评价较多依据教师个人评判，很容易受到教师主观因素的影响，难以做到严格和科学。考核方式的随意性弱化了考核本身的诊断、导向和激励功能，也容易使职前教师丧失参与实践教学的积极性和动力。

在校外的教育实习过程中，虽然教师实习作为职前教师的必修课程，在教育实践规章有诸如听课表、教案表、班主任工作记录、实习生须知等教育实践规章，并规定教育实践不合格者不能毕业，但由于种种因素的制约，从学校教务部门到院系教务部门，以及指导教师和中小学指导教师对教育实践监督考评不严格，往往规定和要求多于指导和引导，使得教育实践工作的计划、组织、实施、督导、评价与总结难以实现真正的科学、合理和规范，造成教育实践评价的约束力下降，从而弱化了教学实践在加深职前数学教师对教育理论知识的理解。

（2）以教师评价为主的实践教学评价方式，不足以提升职前教师对教学的自我评价和反思能力

教学评价实质上就是评价者深层的教学思想的具体化和现实化，但目前对教学实践的评价多局限于教师对学生的评价，却忽视了职前教师参与"自我诊断"的过程。实践经验的获得是教师成长的重要前提，没有反思的经验是狭隘的经验。尽管职前教师的自我评估具有一定的主观性，反思的深度也不够系统、深刻，但职前数学教师参与到实践教学效果的评价和考核中，不仅是生成与发展其专业能力的必要途径，更有助于职前教师的自我改进和提高，有利于引发职前教师更深层次、更为主动的学习。

（3）理论知识与实践教学在评价中的割裂与分离，不利于两者的融合

目前，在职前数学教师教育类课程的评价中，理论知识的评价与实践教学的评价互相分离，使得对理论知识的考查仅仅着重于理论知识本身，而忽视了理论知识在实践教学中的应用以及学习者对理论知识的再理解，对实践教学的考察则较为强调职前数学教师的教学基本功，而较少地关注理论知识对实践教学的引领作用。这样就使得学科教学的理论知识与实践知识难以有效融合。

S8：考试的内容基本上就是老师上课的内容，只要把笔记本上的内容记住就完全可以通过考试，所以不少同学上课不听，考试前借同学的笔记抄一抄，也基本能取得高分；

S9：考试的题目都是书本上的原题，平时学得好不一定考试就考得好。

6. 专业发展意识

学科教学知识的生成是教与学相互作用的结果，且职前教师本身已具备了较强的自主学习能力，因此职前教师自身主体性的发挥在其学科教学知识的形成与发展过程中具有重要作用。但目前已有的相关研究将关注点较多地聚焦于制约学科教学知识形成与发展的外在因素，而对职前数学教师自身在学科教学知识形成过程中的能动性关注较少。而在职前教师的自主意愿、内在动机没被唤醒的情况下，即使学校有着完美的培养方案、严格的专业要求和及时的监督指导，其都无法产生根本性的影响。并且本研究也显示：课外自学在职前数学教师学科教学知识的形成与获得过程中虽有一定作用，但其作用占比偏小，这也充分说明职前数学教师在学科教学知识的学习过程中，其主动性还有待提升。究其原因主要是职前数学教师的专业发展意识还不够清晰。所谓专业发展意识是指教师自觉的职业规划意识、专业认知以及专业行为意向[①]。而职前数学教师的专业行为意向是指其根据职业规划，对自己今后朝什么方向发展以及如何发展有较为清楚的意识与决策。具体来讲，主要有以下几个方面。

（1）职前数学教师的职业认同较低，职业规划不清晰

高等师范院校是培养中学教师的摇篮，而学科教学知识的学习是建立在职前教师自身的需要和兴趣上的。因此，职前教师的专业认同对其教学知识与技能的学习具有支配和调节作用，直接关系到师范教育的质量和效果。但调查显示，有一小部分职前教师常常由于教师特别是中小学教师职业吸引力不足、学校培养目标定位模糊、对教师职业缺乏认同感等种种因素的影响，在进入师范院校学习后自身定位仍然比较模糊，缺乏明确的职业规划，使得他们在教师教育课程的学习过程中总是态度被动，容易对各项学习要求敷衍了事，并常常会受到迷惑、盲目和徒劳等诸多负面情绪的困扰。这时高校若没能及时对学生的情绪、需求及相应心理因素的变化予以关注并辅以针对性的引导与帮助，就会影响到学科教学知识的学习效果。

S3：学生自觉性存在问题（更大的问题是没有梦想，被迫适应生活）；

S5：学生大学规划不明确；

S7：对自己本科师范生的角色定位不明确。

（2）职前数学教师参与教学实践的积极性有待提升

职前数学教师学科教学知识的形成与发展从本质上是其积极主动地建构的过程，因此，积极主动的专业发展态度和自觉与自勉的学习态度是职前数

---

① 寇尚乾.教师自我专业发展意识的培养[J].教育与职业,2012(15):61–62.

学教师学科教学知识的保证。然而，目前以教师讲授为主的教学方式，重理论而轻实践、重知识而轻技能、重结论的记忆而轻过程的探究，使得职前教师缺少发表看法与意见的机会，也缺少查阅资料、参与社会调查、钻研教材的机会，这样无形中就压抑了职前数学教师参与教学实践的自主性与能动性。而以教育实习为代表的教学实践对高师学生的自我专业发展意识有着显著的影响，参加教育教学实习能够提高高师学生的自我专业发展意识水平①。

S1：大多数师范生的主动性和积极性下降；

S8：因为生活环境的各种因素影响对待该类课程态度不明确，比如上课极度不认真，学习兴趣不高；

S9：课堂过于松懈，学生的主动性欠缺，导致效果较差；

S10：学生的主动性太差，加强对学生的约束，严格要求师范生的培养，效率更高；

S11：很少去图书馆看和中学教学有关的杂志，也没有参加过学校组织的教学比赛。

（3）职前数学教师总结与反思的意识与能力有待提升

美国心理学家波斯纳认为，没有反思的经验是狭隘的经验。学科教学知识的获得不仅需要学习者直接的、感性的介入教学实践，更需要其对教学实践进行间接性的、主动性的反思。然而正如访谈中职前数学教师所提及的"在学习过程中，老师布置什么作业就做什么作业，很少做额外的作业"，"不怎么反思、感觉学到的理论知识很难在实际教学中应用"，由于职前数学教师缺乏对学科教学理论知识和实践教学的深入反思，使得他们对学科教学理论性知识的理解仅仅停留于形式化的层面，而对学科教学实践性知识也停滞于技艺性层面，难以加深对这些知识的理解，因此就不足以形成迁移性较强的学科教学知识。

---

① 孟小军,任胜洪.高师学生自我专业发展意识现状调查与分析[J].高等教育研究,2006(3):53-57.

(四) 小结

职前数学教师学科教学知识的形成与发展受到了培养目标、课程设置、课程内容、教学方式、评价因素等外在因素以及职前数学教师自身因素的影响。职前数学教师学科教学知识与影响因素间的关系结构如图 5–26 所示。

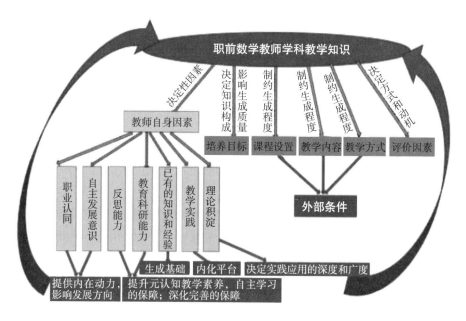

图 5–26　职前数学教师学科教学知识与影响因素间的关系结构图

培养目标从宏观上决定了职前数学教师的知识构成，并影响着其学科教学知识生成的质量；课程设置、课程内容、教学方式则制约着职前数学教师学科教学知识生成的程度，也是形成职前数学教师学科教学知识的外部条件；评价因素在某种程度上决定着职前数学教师学习学科教学知识的方式和动机；职前数学教师自身则是其学科教学知识形成的决定性因素。其中，职前数学教师的职业认同和自主发展意识为职前数学教师学习学科教学知识提供了内在动力，也直接影响职前数学教师学科教学知识未来的发展方向。职前数学教师自身的反思能力和教育研究能力则有助于提升职前数学教师的元认知教学素养，它不仅是职前数学教师自主学习学科教学知识的保障，也是其深化完善自己学科教学知识的重要手段。而就职前数学教师学科教学知识的构成而言，职前数学教师已有的知识与经验是学科教学知识生成的基础，教学实践则是使学科教学知识内化为职前数学教师个体性知识的重要平台，职前数学教师的理论积淀则决定了学科教学知识在实践中应用的深度和广度。

六、发展职前数学教师学科教学知识的策略

本部分将在第五部分研究结果，即有关职前数学教师学科教学知识现状的调查与分析的基础上，从培养目标、课程设置、课程内容、教学方式、评价因素、学生因素出发，有针对性地探求发展职前数学教师学科教学知识的策略。

（一）明确培养目标的定位和要求

高师院校要改变目前不同层次与类型的高校在培养目标定位上界限不明确的不足，根据基础教育课程改革的需要，结合地方特色、学校特色和学生特色，科学合理地设计数学与应用数学专业（师范类）培养方案，力求使培养目标更为清晰准确。在培养目标的制定过程中需要注意以下两个方面。

1.凸显学校自身的优势，明确培养目标的定位

基于教师职业高度的专业性，包括德国在内的很多国家往往根据从教学校的类型或从教学段进行定向化培养，相应的课程设置标准、内容也有所不同。[1]在我国新近出台的教学资格考试在内容与要求方面也体现出了明显的差

---

① 胡惠闵,王建军.教师专业发展[M].上海:华东师范大学出版社,2014.

异性，比如小学的笔试科目为综合素质、教育教学能力知识与能力，而中学的笔试科目为综合素质、教育知识与能力、学科知识与教学能力，很明显所属学段教师的学科知识要求会随着学段的升高而提高。而且中学教师与其他学段教师在教育对象、教学内容及教育方式上均具有明显的差别，这就使得高校需要根据自己的培养目标有针对性地开展相关教育教学活动。并且，对于我国地方高师院校而言，传承和发展地方教育事业是其重要的社会职能之一，如广东省教育厅在 2018 年 2 月出台的广东"新师范"建设实施方案中，就提出要支持以肇庆学院、广东第二师范学院为代表的 6 所院校主要面向本区域培养义务教育阶段学校教师。因此高师院校需要根据自己的优势、特色以及当地的实际需求，明确定位培养的数学教师将主要服务于哪个学段，进而有所侧重，分学段来培养，这样将有助于师范院校数学与应用数学专业（师范类）后续课程的开展以及职前数学教师专业认同的增强。

2. 突出师范教育特色，重视教学实践能力的提升

由于数学与应用数学专业（师范类）本科阶段的主要任务是为数学教育第一线输送优质师资，而不是以培养数学研究型人才或者为培养数学研究型人才做准备为主要目的，因此，师范院校要在培养目标的制定过程中明确这一基本立场，并在此基础上对包括教学实践能力在内的必备知识与能力提出具体的培养标准。从国家教师教育资格考试内容的构成（表 6-1）可以看出，改革后的教师资格考试注重对教育实践能力的考查，即使知识的考查也广泛应用案例分析、教学活动设计等特色题型，重点考查申请者运用所学知识分析和解决教育教学实际问题的能力。因此，注重职前教师实践能力的提升，将教育理论与教学实践深度融合是体现师范特色的重要举措。

表 6-1   国家教师教育资格考试内容的构成

知识		能力		其他	
笔试	面试	笔试	面试	笔试	面试
1. 法律法规知识 2. 教育教学、学生指导与班级管理的基本知识 3. 拟任教学学科领域的基本知识 4. 教学设计实施评价的知识和方法		1. 阅读理解、语言表达、逻辑推理和信息处理等基本能力； 2. 运用所学知识分析和解决教育教学实践问题的能力	1. 教学设计、教学实施、教学评价等教学基本技能 2. 回答问题的能力 3. 备课（活动设计） 4. 试讲（演示能力） 5. 答辩（陈述能力）	1. 教育理念 2. 职业道德 3. 科学文化素养	1. 职业认知 2. 心理素质 3. 仪表仪态 4. 语言表达 5. 思维品质等教师基本素养

根据研究者对职前数学教师学科教学知识现状的研究可知，目前职前数学教师学科教学知识的整体水平仍相对较低，特别在有关数学教学策略性知识和有关学生学习数学知识方面，职前数学教师对数学教学设计基本流程和规范性以及顺利组织与实施数学教学的基本条件掌握得很好，但如何将这些理论性知识转化为有效的教学行为，运用于教学实施和课堂组织管理仍是职前数学教师的薄弱环节，因此强化职前数学教师将教育理论转化为教学实践的能力是师范院校数学与应用数学专业（师范类）以后需要重点关注和解决的问题。

值得欣喜的是，不少学校在提升师范类学生教学技能方面已经做了一些探索和尝试。西南大学从主要的工具或方式、要求等方面对包括数学建模、课件设计与制作、教育实习、毕业论文（设计）在内的实践教学提出了明确而具体的操作性要求。西北师范大学在数学与应用数学专业（师范类）的培养方案中明确提及要对师范生的教学能力进行统一测试，并颁发学校教师专业能力训练合格证书。

陕西师范大学在对普通话、粉笔字、钢笔字等常规教学技能进行一定形式的培训与测试的基础上，还对数学学科教学技能进行单独训练，并开设了必读书目阅读、科研训练以提升职前教师的从教技能和科研能力。

西南大学强化了对职前教师在书写能力、教育技术应用能力以及课堂教学能力、数学教学实作训练等方面的培养，并在方案中明确了科研学分可替代专业发展选修课程学分，技能学分、实践学分可替代通识教育选修课程学分，创业学分可替代专业发展必修课程学分和专业发展选修课学分，以鼓励学生参与自主创新学习。

西北师范大学在对普通话、粉笔字、钢笔字等常规教学技能方面进行一定形式的培训与测试的基础上，还对数学学科教学技能进行单独训练，并开设了必读书目阅读、科研训练，以提升职前教师的从教技能以及科研能力。

（二）改进和完善课程设置

1. 突出师范特色，调整和改进课程的设置

由于数学与应用数学专业（师范类）旨在培养"上通数学、下达课堂"，且"人格健全、数学基础扎实、教师素质突出、综合能力强"的高水平中学数学教师。然而，作为数学教师核心知识的学科教学知识不是数学知识与教学知识的简单叠加或拼凑，而是在将这两种知识进行系统化的融合的基础上形成的"新知识"。

特别是近三十年来数学教育类课程的日益发展和成熟，使得数学教师的学科教学知识逐渐系统化和体系化，并形成了很多内在的特殊规律和特点。故拼盘式的"数学课程+教师教育课程+教学实践课程"的课程设置使得职前教师的数学知识与教学知识缺乏相应的黏合剂和桥梁，难以在教学中形成自己的学科教学知识。因此，为了更好地形成职前数学教师的学科教学知识，可以通过精简数学学科专业课程、优化教师教育专业课程、增加数学教育类课程来对职前数学教师的课程设置进行整体设计。

首先，精减数学学科专业课程。降低数学必修课的比重，适当增加一些数学素养类课程。学科知识是职前数学教师学科教学知识形成的重要前提，在某种程度上也决定着教师所拥有的学科教学知识的深度。然而，这并不意味着开设数学课程的门类越多，对数学教师的专业化发展越好。因此需要对

数学学科的专业课程进行整合。有些数学课程作为数学学科专业学习的有机组成部分具有极大的价值和意义，但内容偏难，对职前数学教师日后从事数学教学作用不大，要在有限的时间内开设这些课程有些不合时宜，因此可将这些课程设为选修课或者自选课以满足学生多样化、个性化的发展需要。增设一些诸如"数学文化""现代数学大观""数学思想方法概论"等素养类课程，有助于职前教师从宏观的角度了解数学的发展历程和数学思想方法。

其次，优化教师教育课程。解决以往教师教育课程随机强、零散并且统整性弱的不足，从当前基础教育的实际需要出发，精选一批能够有效提升职前教师教学素养和教学能力的教师教育课程，增加教育改革热点问题研究和中小学课程研读内容，并强化以钢笔字、毛笔字、粉笔字和普通话为代表的教学技能课程，以提升教师教育课程在发展职前数学教师学科教学知识的针对性和实践性。同时，由于学科知识是学科教学知识生成的基本要素，这决定了学科教学知识必然带有很深的学科烙印。不同学科的学科教学知识虽然在教学知识层面可能拥有互通之处，但其核心内容却具有较大差异，难以彼此间直接转化。因此教育类课程需要与学科课程相整合，以帮助职前数学教师更好地形成学科教学能力。

最后，增加数学教育类课程。正如张守波博士在毕业论文《数学教师教育本科专业课程体系与教学模式统整研究》中通过实证研究得到的结论：我国教师教育专业课程结构中学科教学类课程或者说学科融合类课程被极端地忽视，[1]对于数学教育类课程来说，除了将教师教育课程标准中所要求设置的中学学科课程标准与教材研究、中学学科教学设计这两门课程设为必修课，并增加这两门课程的学时外，根据研究者通过前期专家征询得到的职前数学教师学科教学知识体系构成以及职前数学教师在教育实习中实施课堂教学所遇到的最主要困境（如图6-1）：缺乏有效教学策略与方法（56.6%）、课堂难于管理（24.4%）、自己数学知识薄弱（10.7%）、学生基础差（8.3%），可以将信息技术在数学教学中的应用、初等数学研究、中学数学方法论、数学建

---

① 张守波.数学教师教育本科专业课程体系与教学模式统整研究[D].长春:东北师范大学,2009.

模、数学史、数学教育心理学、数学教育研究方法设置为必修课或者限选课，并适当增加一些有关数学教学设计、实施、评价的数学教育类课程作为任选课程，以强化职前数学教师学科教学知识的形成。

GXZJ-F：（1）加大对职前教师开设信息技术与学科整合的课程内容，如数学课件制作、微课制作等；（2）增加数学认知特点方面等数学教育心理学方面的内容；（3）增加对职前教师数学史与数学教育方面的课程内容。

GXZJ-T：（1）从宏观上能够对数学知识整体结构；（2）重视对显性知识背后隐性的思想方法的理解；（3）把握数学知识"来龙去脉"的过程性知识；（4）从"高观点"加深对中小学数学的认识和理解，拓宽丰富对学生的理解。

ZXZJ-X：加强高等数学对中学数学的指导，以使在中学教学中能利用"高观点"进行教学、命题、解题研究。

S4：不仅要上高等代数等学科知识的课程，也应该组织学生重新学习了解中学数学知识；应更加重视师范生学科方向的初等数学课程。

S5：增加数学史等提高学生数学素养的课程。

S10：在学习大学的专业课程外，应多一些和小学、初中、高中的联系，包括运用大学课程的观点去理解这些，多一些与实际课堂的接触和对教材的了解。

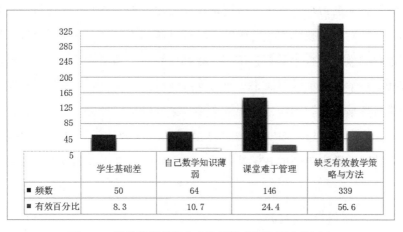

	学生基础差	自己数学知识薄弱	课堂难于管理	缺乏有效教学策略与方法
■ 频数	50	64	146	339
■ 有效百分比	8.3	10.7	24.4	56.6

图 6-1　职前数学教师在实施教学中面临困难的调查

2.加大实践课的比例，提高学生的教学实践能力

近年来，随着教育改革的深化，实践教学在培养优质师资过程中的作用受到了广泛重视。2011 年在教育部颁布的《教师教育课程标准（试行）》中就明确指出：强化教育实践环节，完善教育实践课程管理，确保教育实践课程的时间和质量。2018 年 1 月在《中共中央 国务院关于全面深化新时代教师队伍建设改革的意见》中也指出：根据基础教育改革发展需要，以实践为导向优化教师教育课程体系。基于此，说明实践教学环节既是提高教师教育质量的切实步骤，也是培养职前教师实践能力的有效途径。然而，正如张守波博士通过我国综合性大学、部属师范大学、地方高师院校这三类大学 17 所院校数学与应用数学专业（师范类）课程设置的实证研究得到的结果：教育实践类课程的开设面临更为尴尬的境地，其所占的比重最高不到 5%。[①]虽然近几年这一比重有所提升，但实践性教学在提升职前数学教师的学科教学知识方面的作用仍有待进一步提升。

一方面，增加校内教学实践课程的数量。长期以来教学实践课程训练目标笼统而不具体，落实的效果并不理想。在已有校内实践课程微格教学的基础上，需要将教学技能逐项分享，有计划、有目的地开设包括数学解题能力训练、板书板画能力训练、教学设计与实施能力训练、教育技术应用能力训练、课堂教学能力综合训练、说课说题能力训练等一系列数学教师专业能力培训，并针对各项技能提出明确的要求和具体的子目标。这些教学实践应贯穿职前教师教育的整个学程，按照"教师规划布置相应任务—学生积极尝试完成任务—学生展示学习成果—教师进行针对性指导—学生进行反思改进—教师进行考核评价"的流程来统筹实施。这种以学生为主体、通过任务驱动的方式，按照课内与课外相结合的方式来完成相应教学任务的教学实践方式，对于提升职前数学教师的教学基本功具有重要作用。正如访谈中某位职前数

---

① 张守波.数学教师教育本科专业课程体系与教学模式统整研究[D].长春:东北师范大学,2009.

学教师所提及："学校应多开设一些和培养师范生教育技能类的课，不仅仅是以全校公选课的形式出现，应安排成必修课。"因此，重视生成职前教师学科教学能力的载体——教学实践课程是凸显师范教育特色的重要举措。

另一方面，增加校外教学实践的时间。目前各高师院校的课外教学实践基本上只有教育见习和实习两种模式。根据表5-24部分院校教学实践数学环节的主要构成、时长及分布时间可知：高师院校的校外实践机会较少，见习与实习时间都比较短。多数高师院校安排2周左右的教育见习，见习时间的安排则各校有所不同，集中于假期、第六或第七学期、多个学期。教育实习则多一次性地集中于大四的第一学期，时间为8周左右。短暂的教育实习与见习时间难以使职前数学教师的学科教学知识得到质的提升。因此，可以安排4~6周的教育见习时间，而8周左右的教育实习时间也与师范生教育实践不少于半年的要求还有明显差距，对比国外的教育实习时间：英国的新教师入职培训也长达12个月[1]，德国则要在通过第一次国家考试后，获得见习教师的资格后，去中小学进行为期至少一年的实习，以提升其执教能力[2]，我国教育实习的时间也偏短。鉴于较充裕的教育实习时间是提升职前教师教育实践效果的首要前提。因此，至少开展一学期的教育实习对提升职前教师的教学能力尤为重要。

(三) 优化和完善课程内容

职前数学教师的课程内容旨在解决"学什么，教什么"更有效的问题。在优化和完善课程内容时，要以教师教育课程标准为指导，以中学数学教学的实际需要为根本，并适当结合中学教师专业标准和教师资格考试科目的标准及大纲的相关要求来进行选择，并且要注重内容的时效性、实效性和针对性。

---

① 柏灵.普通教师标准引领下的英国教师入职培训及启示[J].教育理论与实践,2012(08):38-40.
② 胡惠闵,王建军.教师专业发展[M].上海:华东师范大学出版社,2014.

1. 优化课程内容，以适应中学数学教学的实际需要

在数学专业类课程内容的选择上，既要考虑相应内容在数学学科发展过程中的学术价值，也要兼顾其对中学数学教学的教育价值，不仅重视具体学科知识内容，更关注学科中重要概念法则形成与发展的历程以及所应用到的数学思想方法，不仅关注数学学科领域的前瞻性成果和前沿动态，更注意数学内容与中学数学在内容方面的衔接与联系，力求通过这些内容的学习来提升职前数学教师的学科素养，以更好地胜任中学数学教学。

由于数学教育理论是引领职前数学教师开展学科教学的重要依据和准则，故在数学教育课程的内容选择上，既要涵盖当前国内外一些有代表性的数学教育理论，也要密切基础教育课程改革以来中学数学教学实践的需要，既能够整合教育类课程的相关内容，又能够突出自身的学科特色，鉴于国家教师资格考试制度的实施，在课程内容的选择上也要渗透或穿插一些教师资格考试的内容或题目，从而为职前数学教师奠定扎实的学科教学知识功底，在一定程度上也有助于提高教师资格考试的通过率。

为了解职前数学教师对《中学教师专业标准（试行）》所给出的中学合格教师专业素质基本要求的了解程度，并比较不同类别院校间的差异，研究者对此进行了调查，其结果如图 6-2 和图 6-3 所示。

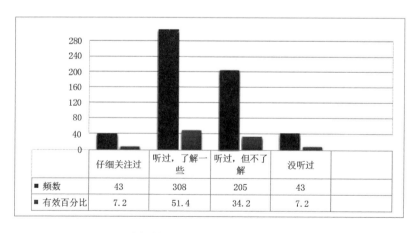

图 6-2　职前数学教师对教师专业要求的了解程度调查

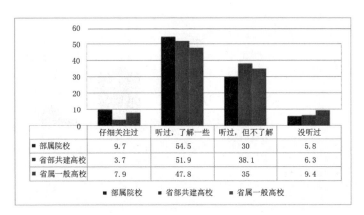

	仔细关注过	听过，了解一些	听过，但不了解	没听过
■ 部属院校	9.7	54.5	30	5.8
■ 省部共建高校	3.7	51.9	38.1	6.3
■ 省属一般高校	7.9	47.8	35	9.4

■ 部属院校　■ 省部共建高校　■ 省属一般高校

图6-3 不同类别院校职前数学教师对教师专业要求了解程度的对比

由图6-2可知，对《中学教师专业标准（试行）》所给出的中学合格教师专业素质基本要求的了解程度这一问题，选项为仔细关注过、听过，了解一些、听过，但不了解或没听过的比例依次为7.2%、51.4%、41.4%。故可知超过五分之二的职前数学教师不了解中学合格教师专业素质的基本要求。由图6-3可知，部属院校、省部共建高校、省属一般高校的职前数学教师选择"听过，但不了解"和"没听过"这两个选项的比例之和依次为：35.8%、44.4%、44.4%。相对而言，部属院校职前数学教师对中学合格教师专业素质基本要求的了解程度更高一些。

为了解职前数学教师对《中学教师专业标准（试行）》所给出的中小学数学教师入职资格的了解程度，并比较不同类别院校间的差异，研究者对此进行了调查，其结果如图6-4和图6-5所示。

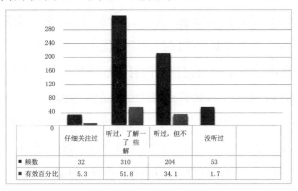

	仔细关注过	听过，了解一些	听过，但不了解	没听过
■ 频数	32	310	204	53
■ 有效百分比	5.3	51.8	34.1	1.7

图6-4 职前数学教师对教师入职资格了解程度的统计

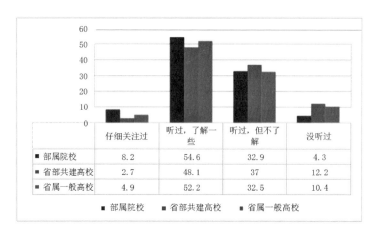

	仔细关注过	听过，了解一些	听过，但不了解	没听过
■ 部属院校	8.2	54.6	32.9	4.3
■ 省部共建高校	2.7	48.1	37	12.2
■ 省属一般高校	4.9	52.2	32.5	10.4

■ 部属院校　■ 省部共建高校　■ 省属一般高校

图 6-5　不同类别院校职前数学教师对教师入职资格了解程度的对比

由图 6-4 可知，对中小学数学教师入职资格的了解程度这一问题，选项为仔细关注过、听过，了解一些、听过，但不了解或没听过的教师比例依次为 5.3%、51.8%、35.8%。故可知 35.8% 的职前数学教师不了解中小学数学教师入职资格的基本要求。由图 6-5 可知，部属院校、省部共建高校、省属一般高校的职前数学教师选择"听过，但不了解"和"没听过"这两个选项的比例之和依次为：37.2%、49.2%、42.9%。相对而言，部属院校职前数学教师对中小学数学教师入职资格的了解程度更高一些。

2.完善数学教学技能类课程内容，使其更具有可操作性

数学教学技能类课程要强调其应用性，因此要改变将数学教学课程技能当成抽象的学科教学理论知识来讲授，过度强调教育理论精准记忆的不足，在内容上要贴近中学数学教学实际，如可将优秀中小学教学案例作为数学教学技能类课程的部分内容进行讲授。而且，数学教学技能课程要有明确的训练目标和操作性较强的教学步骤，辅以一定的教学情境，如以问题为中心、案例为载体来呈现相关内容，使得学生通过教学技能课程的学习，能够形成自己的学科教学知识，进而提升自己的学科教学技能。同时，实践教学的内容和训练方式可以参照教师资格考试的相关类型，在此基础上进行深化拓展。

S11：在教知识的同时注重实践，实践应有明确的规定、要求与目的；

S18：以学生就业发展为方向和目标，所教的内容与就业考试内容相符合一些；

S20：应注重学科知识教学方法和技能训练，锻炼学生的教学能力。

（四）丰富和拓展教学方式

教学是课程实施的基本途径，以何种方式开展数学教育类课程的教学将会直接影响职前数学教师学科教学知识的形成与发展。基于目前数学教育类课程中以照本宣科和理论讲解为主要教学方式的比例仍高达40%，与学生需求存在较大差距，且学生参与教学活动的深度与广度有待提升的实际状况以及有效提升职前数学教师学科教学知识的现实需求，丰富学科教学知识类课程的教学方式尤为重要。在学科教学课程的教学中要聘请中小学名师为兼职教师，形成高校与中小学教师共同指导职前教师的机制，并强化以学生为主体的意识，增进师生之间、生生之间的对话与交流，丰富完善教学方式并积极拓展课外教学资源。

1. 丰富教育教学方式

基于学科教学知识是一种情境性和实践性都很强的教学知识，故学科教学知识的习得需要依托适切的教学情境和学习者的投入与参与。尽管学科教学知识体系内部各种知识间存在的差异而使得教学方式略有不同。但总体上强调案例和实践。为有效地协助职前教师发展其学科教学知识，在教学方式的选择上要注重知识传递、能力发展、情感培养的融合，而不能仅仅以知识传递为主要目的。美国教育界通过大量研究，确立了大量"高影响性"的教学方式，比如基于项目的学习、问题解决学习以及小组合作学习，等等①。因

---

① 赵萍,李琼.超越"学术性"与"实践性"的钟摆之争？——对话美国哥伦比亚大学教师学院林·古德温教授[J].比较教育研究,2016(7):1-7.

此，职前数学教师数学教育类课程的教学可以在此基础上，倡导观摩教学、案例教学法、参与建构式教学。

第一，数学课程资源的知识适宜采用专题讲座与研究性学习相结合的方式开展。数学课程资源的知识主要涵盖数学课程标准的知识以及数学教材及其教学辅助性资源的知识。有关数学课程标准的知识最好以专题讲座的形式邀请制定数学课程标准的专家或者对课程标准有研究的学者详细阐述相关的理念及其生成背景等，并请专家与学生面对面进行交流沟通所存在的疑惑与问题。诸如教材的编排方式、呈现顺序、研究方法等有关数学教材的知识，可以以小组为单位，以研究性学习的形式进行相关研究，然后教师再对研究中存在的问题给予针对性解答。有关教学辅助性资源的知识则需要通过学习成果展示、实际教学操作的方式来进行教学，并辅以应用性较强的作业来巩固深化知识。

第二，关于数学课程内容的知识适宜采用理论讲解与自主探究相结合的方式。数学课程内容知识对形成数学素养具有重要作用，并直接影响着教师的教学效果。张奠宙先生认为数学教学设计的核心是如何体现"数学的本质"，"返璞归真"，呈现数学特有的"教育形态"，使得学生高效率、高质量地领会和体验数学的价值和魅力。然而，目前数学课的弊病，恰恰在于教师数学知识的贫乏，站不高，看不远，没有真正抓住数学的本质，常常纠缠在细枝末节上，存在脱离数学本源的现象。①因此，数学课程内容的知识是数学教师知识结构中非常重要的组成部分。正如访谈中一名有着丰富教学经验的大学教授提及："对数学课程内容的深刻理解应在职前完成，而职前教师正年轻，正是学习的好时光，职后学习这些知识的效果大不如职前。"数学课程内容的知识是职前数学教师在大学期间非常重要的学习内容，教师在讲授内容时不能仅停留于知识的表面，要重视思维方法的渗透、视野的拓展以及提

---

① 吕世虎,吴振英,杨婷,等.单元教学设计及其对促进数学教师专业发展的作用[J].数学教育学报,2016,25(5):16-21.

升职前数学教师用数学分析问题、解决问题的能力。

第三，有关学生学习数学的知识宜采用案例教学方式。理论知识结合案例的呈现方式、组织学生进行课堂讨论、布置适当的课外作业等方式，可以更好地促进学生教学知识的发展。[①]因此，在讲解有关学生学习数学的知识时，不仅要讲清理论要点，使职前教师获得认知理解，更要有助于他们将所学的知识迁移运用到具体的教学情境中。单纯采用理论讲解的方式，职前教师往往会因为缺乏必要的情境而难以感同身受，而与教育理论产生疏离感，不易转化为教学行为。教师可提前让职前数学教师在教育见习中收集典型案例（如易错题或学生错误的解题过程），然后在教学中通过典型案例再现—组织案例分析—分析学生错误的原因，形成合理的矫正机制。这样依托实际案例来讲述可以深化职前教师对这些知识的理解并提升其应用能力。此外，关于学生学习数学的知识还可以借助教学实践，通过对学生进行个别辅导以及课堂提问、作业表现等途径来习得。

第四，关于数学教学策略的知识宜采用观摩教学和课例教学相结合的方式。由于数学教学策略的知识依托于具体的教学内容和真实的教学情境，很难通过正规的课堂教授来传递或共享，而观摩教学和课例教学则赋予了职前教师在实际情境中感受与体验、在问题解决的过程中不断尝试和学习的机会，进而有助于职前数学教师习得数学教学的策略性知识。观摩教学可以让师生深入到中学数学课堂教学的现场，近距离地观察、经历和体验实际教学状况，并有针对性地对问题进行分析、讨论，在实践体验和研讨活动中积累第一手教学经验，形成解决现实教育问题的能力。课例教学的主要流程是通过小组合作的方式展开备课，并通过课例展示，师生共同观察和分析，识别出学生在教学设计和实施过程中出现的困难，并在深入分析的基础上提出修正措施，然后针对发现的问题重新设计，再教授重新设计的课，最后一起交流反思。

---

① 黄友初.基于数学史课程的职前教师教学知识发展研究[D].上海:华东师范大学,2014.

课例研究的开展能够加深职前教师对数学教学策略知识的理解以及提升这些职前教师运用策略性知识指导教学设计与实施的意识和能力。此外，在教育实习中也需要对教学内容进行分析、提炼以及重构，需要对教学进行组织与实施，所以教育实习也是职前数学教师获得教学策略知识的重要途径。

第五，数学教与学的评价性知识适宜采用参与建构式教学方式。数学教与学的评价性知识主要涵盖对数学教学进行评价与诊断的知识以及对学生数学学习进行评价与诊断的知识。若采用讲授式教学，而缺乏必要的感受与体验，那么职前教师对理论的理解多停留在表面层次，不足以迁移应用。因此，在讲授国内外最新的数学教与学的评价理念及评价方法的基础上，可让职前教师参与到具体教学案例的整个教学评价过程中，在对话讨论中，启发他们生成并分享自己的观点，再结合相关理论指出这些观点的合理性和局限性，进而最终帮助职前教师形成自身的教学评价性知识。而对学生数学学习进行评价与诊断的知识，则需要在教学实践中，在具体的情境中通过教师的现场指导来习得，并根据学生的反馈进行修正和完善。

总之，基于成人学习理论，在已成长为成年人的职前教师的学习活动中，其自主性和独立性在很大程度上取代了对教师的依赖性，他们更倾向于独立自主学习。在调查中职前教师也提及："在日常的上课实践中老师和学生互换角色，老师重在指导，而不是一味地讲理论，多给学生和老师交流的机会"，"教学方式要多样化，化学生被动接受为主动探索、师生合作讨论，交流点评"。因此，在学科教学课程的教学中需要发挥职前教师的主体能动性，而教师则要切实发挥好组织者和引领者的作用。

2. 完善教育实践方式

目前教育实践在职前教师培养过程中的重要性日益凸显，在新近出台的《国务院关于加强教师队伍建设的意见》中也明确提出要加强教师养成教育和教育教学能力训练，落实师范生教育实践时间不少于一学期的重要决定。不少师范院校通过延长教育实习时间、增加教育实践课程等举措来提升职前教师的教育实践能力，然而在教育实践中，仅仅有经验或者参与活动是不够的，一切都取决于已有经验的品质①，因此教育实践能否发挥教育功效，固然取决于教学实践时间的长短和教育内容的多少，更取决于用什么样的方式使实践与经验拓展生成教育智慧，因此完善教育实践的方式尤为重要。

（1）丰富校内实践教学的指导路径

在校内教学实践课程中，除了需要充分发挥学生的自主性，还需要加强教师的有效指导。教师的有效指导是实现实践教学课程价值的基本保证。然而，在实践教学课程中对职前教师的专业引领处于低水平或者空缺状态，不仅直接导致了职前教师的实践教学活动在低水平上运行和机械重复的现状，也弱化了职前教师参与教学实践的积极性。因此，在增加校内实践教学课课时和采用小班教学的基础上，还需要做到以下几点。

①在实践教学课程方面要优化师资力量。可聘任中小学名师为兼职教师，形成高校与中小学教师共同指导职前教师的机制，而且师范院校特别是学科教学课程的教师要经常性地借助科研合作、参与教学活动等方式来熟悉一线教学的实际状况和需求，以更有针对性地对职前数学教师进行教学。

②以小组方式来开展教学实践。充分利用学习共同体这一组织，使得他们能够共同寻找教学资源，共同分享彼此经验来实施教学，并采用互评方式对实践教学进行反思和改进。在职前教师实践过程中最好能结合其实际表现给予现场评定，如通过内隐思维过程的外化或提供一些适当的引导和支持来提升职前教师的教学实践能力。如果囿于时间或者空间的制约，无法即时提供指导，则可视频录制职前教师的实践教学过程，这样教师就可借助视频回放把握职前教师在教学过程中所存在的共性问题和典型问题，并在后续教学中利用视频对学生进行针对性的指导与评价。

③针对实践教学课中对学生的评价和指导以描述性评价为主、可操作性差的现实情况，教师可以借助课堂视频分析技术、弗兰德斯互动分析法等专

业性的课堂观察和分析方法来精准评价学生的教学行为。如通过计算职前教师在各个教学环节上时间的分配、课堂提问的深度和广度以及体态动作和言语动作等，使教师的指导和评价更科学、学生的改进更有针对性。教师借助叙事研究法、深度访谈法等来剖析职前教师隐藏在教学现象后的设计思路、理念等，只有发现了教学中的"真问题"，才能提出有针对性的指导措施。

④利用QQ、微信等即时沟通方式对职前教师在实践教学过程中所存在的个性化问题进行个别化的解答。

S1：注重实践后的教学指导，尽量在实践课上有老师批评指导；

S5：请老师点评，教师单对单的指导较少；

S7：多设置微格课，加强学生上课的实际体验，对学生的行为进行评价，多点实践机会和对实践的指导；

S11：大学课堂微格教学课时量不够多，教师很多时候都没办法有针对性地指导学生；

S12：增加微格教学学时或者实行小班教学，让学生能够得到更多来自教师的指导。

（2）分阶段、渐进式开展校外教育实（见）习

①分阶段教育见习

职前教师已经意识到了教育见习有助于他们"更清楚地了解自己该干什么"，并且也更喜欢分阶段进行教育见习。可以从第四学期开始每个学期安排1~2周的教育实（见）习或教育研习。这种分阶段的教育见习安排可以由浅入深、循序渐进地累积职前教师的实践经验，如以一般性参观、考察或访谈——有目的、小范围的探究——深入全面的教学实践展开。渐进式教育见习有助于职前数学教师在真实的教学情境中逐步熟悉一线教学的实际状况、累积教学经验、构建提升专业认同，为后期的教育实习奠定基础，并为系统性的理论学习提供方向和目标。

S5：让学生多上讲台，走上讲台让他们自己体会当教师的所需，多增加学生实训、观摩课，让学生清楚地了解自己该干什么？

S7：尽量提供更多实践机会，如可在大一、大二时适量实践，但现在没组织；

S9：有更多实地实践机会，比如实习不限于大四上学期短短的几个月，而是在每个学期都可以根据教学内容安排见习或实地考察，将理论与实践相结合；

S10：增加实践经历，多参观、观摩实际中小学真实课堂，真实感受其中的教学；

S13：应该更早地系统组织见习，有更多的交流，而非闭门造车；

S18：累积实践经验，类似实习，而不是纯粹的说课、比赛或模仿课堂。

②分散式教育实习

延长教育实习对于提升职前教师的教学实践能力，丰富职前教师的学科教学知识具有重要作用。然而，片面夸大教育实习的作用，或一味地延长教育实习时间，并不一定能够使得教师教育走向成功，相反，有可能引起教师教育向"学徒化"时代的倒退①。因此需要对教育实习的方式进行改进。鉴于目前世界上许多国家的教育实习都采用了渐进性、阶段性的实习模式②，且这种实习模式较为符合认识论与实践论的规律，故可将教育实习分成两次来实习，拟安排在第 6 学期和第 7 学期开展，其中每学期各开展 9 周。其中，第一阶段采用"师徒式"指导模式，指导教师以"示范者"和"教练"的角色进行指导与引导，实习教师则在观察、模仿指导教师教学的基础上设计教学并实施教学。实习教师在反思总结的基础上，带着现实中所遇到的问题重新回归到高校，这样他们进行学习的目标更为明确。第二阶段采用"反思式"指导模式，指导教师以"咨询者"和"反思促进者"的角色进行引领和指引，实习教师则带着理论的视角再次走进实践，实践才能有所依据与修正，通过与指导教师讨论教学中的问题，更自主更娴熟地开展教学。正如访谈中某位职前数学教师所提及："三学段都必须到位实习，了解学生完整的心理生理发展历程。"而分散式的教育实习，则为职前数学教师开展这种多样化的教育

---

① 杨秀玉.教育实习:理论研究与对英国实践的反思[D].长春:东北师范大学,2010.
② 杨秀玉.教育实习:理论研究与对英国实践的反思[D].长春:东北师范大学,2010.

实践提供了条件。例如，职前教师可以有机会面向不同年龄段、不同区域的
学生实施教学，从而感受教学对象与教学环境的多样性与复杂性。这种渐进
式的实习，使职前教师在理论与实践的互动中，逐渐进入教师角色，从而获
得了专业上的成长。

其次，要严把指导教师的质量关，提升教育实习过程中对学生指导的有
效性。以斯坦福大学为例，只有通过斯坦福大学教师教育管理机构的专家考
核和评定，具备第一手的课堂教学知识和三年以上的工作经验，教学实践活
动符合斯坦福大学的教学理念，具有足够的自信心和愿望指导学生的在校教
师才有资格担任职前教师的实践指导教师①，因此我国的师范院校也应以此为
借鉴，对实习学校以及指导教师进行严格的筛选，以提升职前教师教育实践
的效果。

最后，也要加强对职前教师实（见）习的管理和指导，引导职前教师利
用学科教学的相关理论对教育实（见）习过程进行总结与反思，如对各个阶
段进行小结和整体总结等，及时监控和跟踪实践教学效果并进行相应的改进
和完善。

(3) 系统开展科研实践研究

传统的师范教育实践比较重视教育见习和教育实习，特别是教育实习是
教育实践的重中之重，而以毕业论文的撰写（设计）为代表的科研实践则容
易受到忽视，正如学者姚玉环（2008）在研究中所述"师范生毕业论文质量
严重下滑，抄袭、剽窃之风盛行。其根本原因是师范生的科研意识和科研能
力不受重视"②。近年来随着基础教育对"研究型"教师的需求以及高校对毕
业论文管理的严格化，毕业论文的撰写（设计）在不少师范院校的培养方案
中作为与教育见习、实习并列的一项，其地位有所重视，然而如何利用结合
毕业论文的撰写（设计）来系统开展科研实践研究仍有待深入研究。正如范

---

① STEP. clinical work［EB/OL］.http://suse-step.stanford.edu/elementary/clinical.htm,2010-04-26.
② 姚玉环. "研究型"教师职前培养与师范生毕业论文质量问题［J］. 中国大学教学,2008(7):
     78-79.

良火教授所认为的"没有在记忆中或更多地以书面形式的有意识的积累，教师的教学知识未必随着经验的增长而增加"①，因此职前教师利用科研对教育理论以及相关的实践进行深度反思有助于其学科教学知识的形成与发展。

在我国对于中学一线教师是否需要做科研在教育界一直有不同的看法，为此研究者专门对长期在中学一线进行数学教学，拥有36年教龄的数学正高级教师、省级特级教师、学科带头人 ZXZJ-X 老师进行了针对性访谈。

研究者：X 老师，我想问一下您是怎么由一个普通教师成长为一个优秀教师，最后成为一个名师的？

教师 X：我主要是通过"学习—实践—写作（反思）"成长起来的。

研究者：那您认为在中学数学教学中，教育理论是否重要呢？

教师 X：重要呀！在教学过程中要重视对教育理论的理解、拓展与应用。教师在教学中不能有任何的"惰性"，要不断地对教学进行研究、思考、实践和反思。没有教育理论的引导，教师难以成长，更不可能成为名师！

研究者：您是怎么看待教学中理论和实践的关系呢？

教师 X：真正理解理论知识的精髓，将理论性知识内化、活化为可操作性较强的实践性知识，避免将理论的东西"学术化"和"抽象化"，那样只会停留于"皮毛"，而没有实质内容，学科教学知识只有经历理论与实践的相互摩擦，才能灵动起来。

从以上访谈可知，教师 F 由一个普通的中学教师成长为专家型教师的重要途径是"学习—实践—写作（反思）"，这个过程实质上就是科研实践，即它是教育理论与教学实践深层次结合的过程，更是学科教学课程的拓展与延伸。职前数学教师在撰写论文过程中需要综合运用教育理论知识剖析聚焦某个教学行为背后所隐藏的问题，从专业的角度诠释教学现象并解决教学中的实际问题，有助于他们更主动、更积极地投入教学研究的过程中，并提升其对教育理论的应用能力。查阅文献、进行调研、分析研究，则有助于职前教

---

① 范良火.教师教学知识发展研究[M].上海：华东师范大学出版社，2003.

师从宏观角度了解相关研究领域的前沿动向，并提高其分析、研究、解决教育教学问题的能力。因此，系统开展科研实践研究不仅能够为职前数学教师学科教学知识的形成提供可持续发展能力，而且直接影响到教师职后的专业化成长。在国外，以毕业论文为代表的科研实践在职前教育中备受重视。如以出色的基础教育而备受世界瞩目的芬兰，其教育成功的一个重要因素是研究取向的中小学职前教育。在芬兰的职前教育中注重通过基本研究方法的学习和论文的撰写来增强职前教师的问题解决和理性决策的意识和能力[1]。在法国，职前教师不仅需要进行职业论文的撰写，并且在论文的选题和写作过程中，有专门的教师进行指导[2]，在德国，不仅在职前阶段设置了书面论文写作课程，要求职前教师展现其独立完成科研论文的能力[3]，并且职前教师在教师资格考试中还需要在四小时内，当场撰写一篇有关教育理论的文章[4]。鉴于我国基础教育对"研究型"教师的外在需求以及中学教师自身专业成长的内在要求，并借鉴国外在职前教师毕业论文上的具体要求，在以毕业论文为代表的科研实践过程中，对职前数学教师进行更为系统化的培训尤为重要。

3. 拓展课外教学资源

基于学科教学知识的情境性及其生成需要学习者的体验与感悟，职前数学教师知识的获取仅仅依靠有限的课内学习时间并不足够，并且由于有组织的校外教育实习中学生接触实际教学的时间和机会也有限，且在实习中难以尽快适应中小学的教学要求，因此拓展课外教学资源可以起到适宜补缺的作用，是教育实习的有力补充。而本研究在对职前数学教师学科教学知识来源的调查中也发现，职前数学教师在大学期间的家教、带班经验以及课外自学是其获得学科教学知识的非常重要的来源，因此打破职前数学教师的课内外

① 张晓光.研究取向的中小学教师职前教育探析——以芬兰为例[J].教育研究,2016(10):143-149.
② 胡惠闵,王建平.教师专业发展[M].上海:华东师范大学出版社,2014.
③ 覃丽君.德国教师教育研究[D].重庆:西南大学,2014.
④ 王建平.德国教师教育的特点及启示[J].教学与管理,2007(07):76-78.

壁垒，将课外的教学实践作为课堂教学的延伸，为职前数学教师学科教学知识的发展提供平台，对于提升职前数学教师参与教学实践的积极性、增加职前数学教师在学习学科教学知识过程中的自主性和能动性方面具有重要作用。

(1) 建立网络实训平台，提升职前数学教师的学科教学素养

高师院校可以开放慕课、微课、课堂实录等网络实训平台，并提供一些学科教学类参考书目和优质的教学视频，鼓励职前数学教师利用课余时间进行拓展性学习。拓展性学习不仅有助于职前数学教师巩固和深化理论知识、提升学科教学能力，也有助于他们掌握常用的数学课程资源的获取途径（如了解教学中常用的教辅书籍、网络资源、期刊杂志等），这无疑会为职前数学教师以后自主学习学科教学知识奠定重要基础。

S4：多提供师范生技能训练的场地和指导；

S7：提供实践平台并且落实到位，建立对应的评价机制；

S8：为师范生提供更多锻炼师范技能的平台；

S10：多注重理论与实践的结合，这个说起来容易，做起来却较难，在一有条件的时候让学生亲自实践，体会则更深刻，让学生多观看一些高质量的教学视频。

(2) 建立学生专业协会，推动学科教学活动的开展

为了更好地调动职前教师参与学科教学活动的意识，高师院校数学与应用数学专业（师范类）可成立"数学竞赛协会""数学教育协会""数学建模协会"等学生专业协会，并聘请一些骨干专业教师进行相关数学指导。协会可结合培养目标和职前教师专业化发展的需要，有计划地组织一些诸如"三字一话"、课件制作、板书设计、说课和试教、解题竞赛等学科教学竞赛活动，以及邀请一些有教学实践经验的优秀校友、在校师兄师姐分享实际教学管理经验。这种以学生活动为主、教师引导为辅的学生专业协会不仅有利于提高职前数学教师自我管理、自我组织的能力，也为职前数学教师在课外学习学科教学知识与技能，并进行相关沟通与交流提供了重要平台。它使更多的职前教师有机会参与并投入到学科教学活动中，在参与的过程中获得更多的教学体验。

S1：请一些有教学实践经验的师兄师姐分享他们的实际教学管理经验；

S2：开展更多更广泛的师范技能训练和比赛；

S8：多举办教学类活动或比赛，让更多的人参与，多给学生一些实践机会并由教师指导帮助。

(3) 建立义教助学平台，为职前数学教师个别化教学体验提供机会

做家教、在教育培训机构做兼职教师等教学实践活动作为高校常规教学形式的补充和完善，是职前数学教师学科教学知识生成的重要来源。而本研究在对职前数学教师学科教学知识形成与发展的来源的调查研究中发现，高等院校的培养与职前数学教师在大学期间的家教带班经验对于职前数学教师学科教学知识的来源具有同等的重要性。因此，高师院校应重视职前数学教师学科教学知识的这一重要来源，通过搭建义教助学平台，为职前数学教师个别化教学体验提供机会。做家教、在教育培训机构做兼职教师等课外教学实践为职前数学教师提供近距离接触一线教学实际，了解不同类型、不同性格学生学习情况的机会。在教学的过程中，职前数学教师可以更熟悉新教材的编排体系和相关内容，更真实地了解学生在数学学习中的难点、容易发生的典型错误等有关学生学习数学的知识。同时，为了取得好的教学效果，教师需要针对学生的实际情况来因材施教，这无疑为职前数学教师提供了将教学理论与实践相结合的平台，能够促进职前数学教师的语言表达能力、分析教材能力、教学设计能力的提升，而通过做家教、在教育培训机构做兼职教师等教学实践活动所积累的教学经验也有助于职前教师尽早树立教师的职业意识，缩短教育实习的适应期。

(五) 建立和完善教学评价

对职前数学教师学科教学知识的评价在某种程度上决定着其学习学科教学知识的方式和动机。针对当前教学中偏重对学科理论知识的评价，在实践教学中缺乏科学有效的评价方式以及在评价中缺乏职前数学教师的参与这一实际状况，研究者着重从这两方面提出相应的改进策略。

1. 建立较为科学有效的实践教学评价方式

第一，完善校内实践教学课程的考核机制。较为灵活和严格的考核模式才能确保考核的信度和效度。为此，在熟悉并借鉴国家教师资格考试对实践教学能力的评价标准、评价流程、评分要素的基础上，确立明确而具体的实践教学训练目标、建构较为科学严格的实践教学评价指标体系。并且对于师范生实践的评价，不仅要以外在的观察为依据，更要探求其实践表现更深层次的内在动机①，使职前教师通过实践教学中获取到的不仅仅是单纯的经验累积、技术性技能操练，更重要的是教育实践智慧的养成，即能够以较为专业的方式解释教育现象或实施教学决策，不仅知道"怎么教"，更要从专业的角度理解"为什么这么教"。因此，健全职前数学教师教学技能考核机制对于高师院校的实践教学体系来说，就显得尤为重要和迫切。

第二，完善校外教育实习的评价机制。教育实习评价旨在评价学生在真实教学情境中综合运用已有知识进行实际操作与表现的能力，有助于检测实习生的实习成效，促进实习生教育教学能力的提升。在评价内容上应更多关注教师的基本素养和综合能力；在评价方式上应以实习生能力的发展变化为依托，将整个实习过程纳入考察的范围，并在实习生自评的基础上，采用教师评、同学互评和中学生评三种方式进行评价，以使各评价主体能够从不同的角度结合自己的专业理论、工作经验或亲身体验出发，使得评价更具有全面性和有效性，更接近客观性和真实性。

2. 提升职前数学教师自身的教学评价能力

数学教与学的评价性知识是职前数学教学知识体系的重要组成部分，然而，本研究通过对职前数学教师学科教学知识现状的调查，发现有关数学教与学的评价性知识是职前数学教师知识结构中的短板，得分偏低。而且在对

---

① 杨燕燕.挑战与应对：论教师职前实践教学中的师徒式临床指导[J].全球教育展望,2014(06)：63-69.

师范院校设置课程的调查中，也发现在被调查的 9 所院校中只有 1 所院校开设了数学教学评价与测量方面的选修课程。由于数学教与学的评价性知识除了可通过开设课程进行系统讲授外，也可以通过在教学情境中有意识地给予学生评价的机会，引导学生对教学进行评价的方式习得，并且后者更为重要。然而，在当前的教学实践中，职前教师却很少有机会参与评价的过程，只是被动地接受评价。这说明对职前数学教师教学评价能力的培养还没引起人们的重视。美国丹尼尔森教授等认为，"成人学习的基本原理表明，当他们在专业成长中运用自评时，会比外界强加给他们专业发展需求更有可能保持他们的学习"[1]，加拿大心理学家江绍伦教授也认为，"如果一位教师在课堂上缺乏清晰的自我意识，不了解自己的教学表现，他就不可能组织好课堂教学"。因此，在教学中给予学生评价的机会以提高学生的评价意识，通过撰写教学日记、参与集体评课议课的方式来提升学生的评价能力，使职前教师在评价他人的同时，也能够客观分析自身的教学行为，从模糊的自我感觉走向清晰、客观的自我评判，并能够运用教学评价结果来反思和改进自己的教学。因此，提升职前数学教师的自我评价能力也是职前数学教师更主动、更自觉地学习学科教学知识的重要条件。

（六）增强职业认同，积极参与并反思教学实践

职前数学教师的学科教学知识是在其已有经验的基础上，通过感悟与体验将理论性较强的学科教学知识内化或者在与实际情境的互动中建构形成的、在教学实践中行之有效的个体性知识。因此，发展职前数学教师的学科教学知识，不仅要改进学校教育层面的教，更要关注学生的学。基于此，本研究认为职前教师的学习态度与学习力也是影响其学科教学知识形成与发展的重要因素。培养和发展职前数学教师的学科教学知识，需要做到以下三点。

---

[1] Charlotte Danielson,Thomas L. McGreal. 教师评价——提高教师专业实践能力[M]. 唐悦,译. 北京:中国轻工业出版社,2005.

1. 增强职前数学教师的职业认同感，形成自主发展的能力

中共中央，国务院在2018年发布的《关于全面深化新时代教师队伍建设改革的意见》明确提出要提升教师的政治地位、社会地位、职业地位，完善中小学教师待遇保障机制，确保中小学教师平均工资不低于或高于当地公务员平均工资收入水平。[①]这一举措从外在层面为提升教师的职业吸引力提供了重要保障。就职前数学教师自身而言，需结合自身条件，在学校就业规划课程的指导下形成明确的专业导向，能够对自己的职业生涯有准确的定位，增强自主发展意识，真正从思想层面认同并热爱数学教师这一职业，并愿意为成为一个好的数学教师努力，这就为职前数学教师积极主动地学习学科教学知识创造了重要条件，职前数学教师学习学科教学知识就有了内在的驱动和持久的兴趣。

2. 鼓励职前数学教师积极参与教学实践活动，积累教学实践经验

职前数学教师可通过参与校内的试教、教学比赛以及校外做家教、在教育培训机构兼职培训、义教等多种形式的教学实践活动，将所学的理论性学科知识更好地应用于教学实践，建构形成行之有效的个体性的学科教学知识。同时，通过教学实践还可以帮助职前教师积累经验，锻炼教学能力，增强对教学的自信心，缩短与真实教学的适应期。

3. 引导职前数学教师总结与反思，形成批判意识和批判能力

学科教学知识的学习，离不开学习者个人的体悟与反思。职前数学教师可以通过阅读相关书籍与期刊、撰写教研论文、开展课题研究的形式加深对学科教学知识的理解，使自己掌握的学科教学知识更加条理化和系统化。也可以通过参与教学实践、撰写教学日记、开展行动研究的方式对自己的教学

---

① 中共中央，国务院.关于全面深化新时代教师队伍建设改革的意见［EB/OL］.(2018-01-20)
　［2018-3-30］.https://www.gov.cn/gongbao/content/2018/content_5266234.htm.

计划、教学实施以及教学评价等进行反思，借助学生作业、学生的学习分析来反思教学的效果。通过自身的提炼、反思与总结，有助于职前数学教师将不同的知识融会贯通，内化形成自身独特的学科教学知识。

基于学科教学知识的情境性和经验性的特点，观察和模仿一直是职前数学教师获得学科教学知识的重要途径之一，然而仅仅停留于简单模仿别人的教学技巧和重复性训练而不去探究其原因和效果，教学水平也很难有质的提升。而反思则能够帮助教师建立起经验与理论知识的联结，使自己对教学的认识在直觉和经验的基础上得到修正和升华。因此，职前数学教师需要对教育教学行为和决策进行深入反思，并形成自己的批判意识和批判能力，而反思的深度则有赖于职前教师自身的理论积淀和对教学的感受体验。

综上，职前数学教师的职业认同和自主发展意识是其发展学科教学知识的重要动力，而"实践+反思"是职前数学教师不断深化其学科教学知识的基本路径。此外，基于职前数学教师在高师院校系统化地学习学科教学知识课程前，已通过中小学求学期间的经历在头脑中累积储存了一些模糊而零散的学科教学知识，并内化形成了职前数学教师初步的教学信念与教学方式。因此高校在设计学科教学知识课程时要特别重视学生已有的知识经验基础，在学生已有的知识基础上生成其对学科教学知识的认识，也要关注学生的情绪、需求及相应心理因素的变化，并积极地给予针对性的引导与帮助，为职前数学教师学科教学知识的习得创造条件。

七、结论与启示

职前数学教师的学科教学知识是教师入职之初胜任教学工作的重要保证，也是其职后专业化发展的基础。本部分将概述通过研究所获得的结论，以及对发展职前数学教师学科教学知识和完善国家教师资格考试的启示。

（一）结论

1. 职前数学教师学科教学知识是独立存储于个体之外的理论性知识与内隐于个体之内的实践性知识的统一体

理论性与实践性的相互融合是职前数学教师学科教学知识的重要特点。学科教学知识既包含纯粹的理论性知识，也涵盖面向实践的实践性知识。对于职前数学教师而言，学科教学理论性知识的积累和实践性知识的习得均为获取学科教学知识的重要途径。

学科教学知识中的理论性知识往往是对学科内容如何进行"教学化"的专业理解，它是在概括和提炼实践教学经验的基础上所形成的具有高度结构化与组织化的显性知识。由于职前教师缺乏教学实践经验，因此学科教学理论性知识不仅是他们高效习得学科教学知识最为便捷的途径，也是他们专业化发展和有效教学的基础与前提，能够为他们顺利地开展实践教学提供有效指引和明确方向。职前教师学科教学知识体系中有关数学课程资源的知识和有关数学课程内容的知识多以理论性知识为主，而关于学生数学学习的知识则既包括理论性知识，也包括实践性知识。职前数学教师的学科教学知识可以通过开设数学教育理论课程和模拟课堂教学，将理论形态的显性学科教学知识系统化，并在与实践的互动中内化。

　　学科教学知识中的实践性知识植根于教学行为本身，难以用语言清晰表述和有效传递，容易受到特定教学情境的影响与制约。学科教学知识中的实践性知识往往具有动态的生成性和鲜明的个体色彩，需要个体在实践中建构形成。实践性知识的习得有助于职前教师积累实践经验，加深对教学理论的理解。职前教师学科教学知识中关于数学教学的策略性知识和关于数学教与学的评价性知识以实践性知识为主。职前数学教师的实践性知识往往需要通过以观察学习为基本活动的教学见习和在真实情境下的教育实习来习得。以表7-1来清晰地呈现职前数学教师学科教学知识的主要构成及表征。然而，把职前数学教师的学科教学知识分为理论性知识和实践性知识只是为了在培养和训练的过程中更加有所侧重，但从本质上来说，职前数学教师的学科教学知识是理论与实践的统一体，彼此互相融合，难以分割。理论知识需要在实践中深化，而实践知识也离不开理论知识的指导。

表7-1　职前数学教师学科教学知识的构成要素及表征

职前数学教师学科教学知识	独立存储于个体之外的理论性知识	内涵	在概括和提炼实践教学过程中的经验基础上所形成的对学科内容如何进行"教学化"的专业理解
		特点	1. 高度的结构化与组织化；2. 能够较为清晰地表述和有效传递；3. 具有相对的稳定性和一定的客观性
		表现形式	多以书面的文字形式呈现
		涵盖范围	关于数学课程资源的知识、关于数学课程内容的知识、关于学生数学学习的知识多为理论性知识，部分数学教与学的评价性知识亦为理论性知识
		习得途径	通过开设数学教育理论课程和模拟课堂教学将理论形态的显性学科教学知识系统化，并在与实践的互动中内化形成

续表

职前数学教师学科教学知识	独立存储于个体之外的理论性知识	内涵	概括和提炼实践教学过程中的经验基础上所形成的对学科内容如何进行"教学化"的专业理解
		功能作用	系统的理论性知识将为教师的实际教学提供有效的指引和明确的方向，是职前教师专业化发展和有效教学的基础与前提
	内隐于个体之内的实践性知识	内涵	常常植根于行为本身，并受到特定教学情境的影响与制约
		特点	1. 动态的生成性；2. 鲜明的个体色彩
		表现形式	难以用语言清晰表述和有效传递
		涵盖范围	关于数学教学的策略性知识多为实践性知识，而部分数学教与学的评价性知识亦实践性知识。
		习得途径	往往需要个体在实践中建构形成，以观察学习为基本活动的教学见习和真实情境下的教育实习是习得实践性知识的重要环节
		功能作用	有助于教师形成教师的个体经验，加深教师对教学理论的理解

2. 职前数学教师所拥有的策略性知识仍处于形式化阶段，未能有效转化形成学科教学能力

有关数学教学的策略性知识是职前阶段最为重要的学科教学知识，该知识不仅充分体现了"师范性"特色，而且直接指向教学设计和实施。职前教师在关于数学教学的策略性知识方面的具备程度也最高。然而，缺乏有效的教学策略与方法也是职前教师在教育实习中实施教学所面临的最大困难。这一结果看似矛盾，是职前教师所面对的实际情况。高师院校从理论层面较为关注"怎么教"，因此职前教师对数学教学设计的基本流程，以及对顺利组织与实施数学教学的基本条件掌握得较好。在调查中，约有五分之二的职前教师认为自己在实习教学中的教学策略与方法主要来自大学期间相关课程的系统讲解、有组织的校内教学实践，而将近三分之一的职前教师则认为主要来

自中小学当学生时对老师授课方式的观察。这充分表明，大学期间相关课程的系统讲授和训练以及有组织的校内教学实践，虽然有助于职前教师习得有关数学教学的策略性知识，并将策略性知识转化为教学能力，但由于教师授课多侧重于理论性知识，且在较为理想化的状态下进行，校内教学实践缺乏真实的教学情境作为支撑，使得职前教师在实习前的策略性知识主要停留在形式化阶段，即虽将有关教学设计、组织、实施的基本要求、步骤等纳入了自己的知识体系，但这些知识仅具有外在形态，还没有内化形成个体的策略性知识结构。

3. 课程内容和教学方式是影响职前数学教师学科教学知识形成与发展的最直接和最重要的因素

在数学教育理论课程中，教学内容偏重理论、实践太少、教学方式单一、教学内容脱离实际是不同类型院校职前数学教师所共同认为的最集中、最突出的三个问题。相对来说，省属一般高校在教学方式方面存在的问题更突出一些。就教学方式层面而言，职前数学教师在数学教育类课程中最喜欢的教学方式为案例教学法，这一共识几乎不存在校际差异。但从数学教育类课程中实际采用的教学方式与职前教师喜欢的教学方式对比情况（表7-2）可知，不同层次院校的职前教师所喜欢的教学方式有所不同。除案例分析法外，部属院校最喜欢的教学方式为小组讨论交流、教师总结点拨，这可能与他们学习能力较强，有较强的自主发展能力有关；省属一般高校则更倾向于观摩教学法，他们更喜欢在具体的、实际的教学情境中习得学科教学知识，这一比例远远高于其他两类院校；省部共建高校职前教师选择小组讨论交流、教师总结点拨和观摩教学法的比例则介于部属院校和省属一般高校之间。

从表7-2还可以看出，省属一般高校30.0%的职前教师认为数学教育类课程中所使用的主要教学方式为理论讲解，这一比例高于其他两类院校，而且省属一般高校职前教师最最喜欢的教学方式为观摩教学，实际的教学方式与职前教师喜欢的教学方式存在偏差，因此省属一般高校亟待改变教学方式。

从职前数学教师对数学教育课程的满意程度以及数学教育类课程对自身

从事教学的帮助程度来看，部属院校都远高于其他两类院校。而当前数学教育类课程主要采用的教学方式与职前教师所喜欢的方式对比，可发现部属院校的吻合度是最高的，并且部属院校的职前数学教师在数学教育类课程中参与小组讨论展示和任务型教学活动的频率也是三类院校中最高的。而本研究第五部分中，部属院校的大四数学师范生在"关于数学教学的策略性知识"的具备程度方面的得分平均数显著高于省属一般院校的得分平均数；就读于省部共建院校的大四数学师范生在"关于数学教学的策略性知识"的具备程度方面的得分平均数也显著高于省属一般院校的得分平均数。

表 7-2　实际采用与职前教师喜欢的教学方式对比情况

学校类别	当前数学教育类课程普遍采用的教学方式	职前教师在数学教育类课程中喜欢的教学方式
总状况	小组讨论交流和教师总结点拨（31.7%）、案例分析（29.0%）、理论讲解（26.9%）	案例分析（48.3%）、观摩教学（27.6%）、小组讨论交流和教师总结点拨（16.0%）
部属院校	小组讨论交流和教师总结点拨（37.0%）、案例分析（27.1%）、理论讲解（24.2%）	案例分析（48.3%）、小组讨论交流和教师总结点拨（22.7%）、观摩教学（21.7%）
省部共建高校	案例分析（32.2%）、小组讨论和教师总结点拨（30.7%）、理论讲解（26.5%）	案例分析（48.7%）、观摩教学（25.4%）小组讨论和教师总结点拨（15.3%）
省属一般高校	理论讲解（30.0%）、案例分析（28.1%）、小组讨论和教师总结点拨（27.1%）	案例分析（47.8%）、观摩教学（35.4%）、小组讨论和教师总结点拨（9.9%）

4. 实践教学是促使职前数学教师的学科教学知识由公共性知识转化为个体性知识的重要环节

在职前数学教师学科教学知识的构成中包含一些理论性较强、抽象度较高的学科教学知识，它是职前教师进行实际教学的理论基础和行动指引，然而如果缺乏具体经验和案例的支撑，职前教师对其的理解往往只会停留在认知的表层，难以进行有效迁移，故这些理论性较强的公共知识需要在教学实践过程中，通过情境互动与浸润，才能经由学习者的感悟转化成为个体性的学科教学知识。因此，为了发展职前数学教师的学科教学知识，师范院校需要加强实践教学环节。而研究者对职前教师的访谈"（大学期间）接受的理论知识很多，实践活动却很少，导致师范院校数学师范生的能力只存在于课本，大多数人能坐在讲台下，却不一定有能力站在讲台之上""课程设定过于理想化，真正教学过程中知识讲授没有预想得那么顺畅""很多课程偏重理论，开设了很多关于如何教学的课程，但在讲课过程中往往忽视了教学实践，在大学四年学了很多讲课方法，但没有一学期的实习学到得多"也再次表明，教学实践是职前数学教师真正习得个体性学科教学知识的重要环节。

（二）启示

1. 对发展职前数学教师学科教学知识的启示

职前数学教师学科教学知识的培养不仅要重视学科教学知识的生成意义及职前教师对知识的理解与感悟，还要注重职前数学教师的主体参与和实践体验。并且，为了使职前数学教师的学科教学知识得到可持续发展，培养职前数学教师的学科实践能力、反思能力和研究能力尤为重要。鉴于目前高等师范院校数学与应用数学专业（师范类）在发展职前数学教师学科教学知识方面发挥了重要作用，但其作用仍有待提升。因此，需要高师院校采取一些实质性措施有针对性地提高职前教师的培养质量。具体来说，本研究对职前数学教师学科教学知识培养的启示如下。

（1）强化理论课程，提升学科教学素养在教学实践中的引领和服务功能

结合院校的培养目标，以中学教师专业标准为依据，参照教师资格考试内容来设置职前数学教师课程，并有意识地增加一些旨在提升职前数学素养类和教学能力的课程。如可以通过增设一些诸如《数学文化》《现代数学大观》《数学思想方法概论》等素养类课程，使职前数学教师在具体的学科内容之外，能够从宏观角度了解学科中重要概念法则形成与发展的历程，以及所应用到的数学思想方法，在领略数学理性美的同时，也能感受到数学的艺术之美和人文之美，进而更全面地认识数学。数学素养类课程的开设有助于职前教师在教学中更好地贯彻教书育人的理念。同时，为了使课程更适应中学数学教学实际的需要，需要优化教师教育类课程，增加数学教育类课程。特别是教育理论既要有其先进性，能揭示教育规律，又要接地气，贴近教育教学实际，能够指导和引领教育实践。在实践教学中则要有意识地利用教育理论知识分析相应的教学行为，充分地让理论与教学相融合，进而较好地解决访谈中职前教师所提及的困惑，"理论经常不能与实践相结合，理论有时像空中楼阁，学完并不知道对教学的指导意义在哪里，而实践中遇到的问题又常常凭借他人经验解决而非理论"。

(2) 重视实践教学，提升职前教师在学科教学知识生成过程中的主体性

杜威曾说，如果教师的教学没有与学生的经验对接，那么教学就没有发生。职前教师在中小学求学期间的经历是发展其学科教学知识的起点，故应将它作为重要的课程资源纳入专业化的学科教学知识体系中。在教学设计时，要以职前教师在中小学求学期间的经历为基础。在教学实施过程中，要关注情境的创设和学习者的投入与参与，强化以学生为主体的意识，通过案例教学、观摩教学、参与式教学等多样化的教学方式，深化职前教师对学科教学知识的理解，并帮助职前教师积累实践经验，提升其将学科教学知识运用于教学实践的能力，真正促进学科教学理论知识与相应教学实践的融合与匹配。正如访谈中一位职前教师所说："（大学期间）很多课程偏重理论，开设的很多课程是关于如何教学的，但讲的过程中往往忽视了教学实践，在大学四年学了很多讲课方法，但没有一学期的实习学到得多。"因此，数学教学策略性知识需要职前教师在不断尝试和探索的教学实践中学习、巩固和深化。在教学评价中也要激发职前教师参与评价的意识，提升其教学评价能力。

(3) 拓展课外教学资源，在教研实践中提升职前教师对学科教学知识的综合应用能力

学科教学知识往往在一定的教学情境中生成，也最终在具体的教学情境中得到应用。因此，师范院校要强化教育实践环节。然而，职前数学教师知识的获取仅仅依靠有限的课内学习时间并不足够，且在有组织的校外教育实习中，职前教师接触实际教学的时间和机会也有限，在实习中难以尽快适应中小学的教学要求，因此拓展课外教学资源作为教育实习的有力补充，可以起到查漏补缺的作用。师范院校可通过建立网络实训平台、成立学生专业协会以及建立义教助学平台等方式，为职前数学教师课外发展学科教学知识提供支撑。同时，要重视职前数学教师的教研实践，通过教研实践提升职前教师运用教育理论分析、研究、解决教育教学问题的能力，为职前数学教师学科教学知识的形成奠定可持续发展的基础。

(4) 增强专业发展意识，促进职前教师批判意识和批判能力的形成

基础学科教学知识虽然有部分公共知识，但主要是教师个人教学建构的结果[1]。职前数学教师个人的投入与参与在学科教学知识的构建中发挥着至关重要的作用。因此，职前数学教师需结合自身条件，在学校就业规划课程的指导下形成明确的专业导向，增强专业发展意识，从而为积极主动地学习学科教学知识创造重要条件，这样职前数学教师对学科教学知识的学习就有了内在的驱动力和持久的兴趣。同时，职前数学教师需要加强自我学习，通过阅读相关书籍与期刊、观看教学视频、撰写教研论文、开展课题研究等形式加深对学科教学知识的理解，对教育教学行为和决策进行深入反思，并形成自己的批判意识和批判能力，而批判意识和批判能力则有助于职前教师学科教学知识的深化和完善。

(5) 强化西部教育，优化西部高师院校的资源配置和师资队伍建设

针对东西部师范院校职前数学教师在学科教学知识上所存在的显著性差

---

① Carlson R. Assessing Teachers' Pedagogical Content Knowledge: Item Development Issues[J]. Journal of Personal Evaluation in Education, 1990, 4(2): 157-173.

异，首先需要从国家层面提升对西部师范院校的支持力度，建立西部地区高等师范院校的教育投资保障机制，优化西部地区高等师范教育资源配置，并切实提高西部地区师范院校的生源质量；其次在学院层面，则要以中学教师专业标准为依据，结合数学教师专业化的内在需求，参照教师资格考试内容来设置职前数学教师课程，并按照教育部于 2017 年 11 月颁布的文件《普通高等学校师范类专业认证实施办法（暂行）》①中实施专业认证的相关要求，对课程教学、合作与实践、师资队伍、支持条件进行配备，特别是要加强数学与应用数学（师范类）学科与教学类课程的师资队伍建设，给予他们更多外出培训交流的机会，激活西部地区师范院校教师的培养和激励机制。此外，要改善外部教学环境，共建共享教育教学资源库，提升网络信息技术等教学硬件设施水平，增加图书资源，为职前教师摆脱地域限制而高效习得学科教学知识提供保障。

2. 对完善国家教师资格考试的启示

（1）教师资格考试命题机构须加强与教师培训机构的合作与研讨，以强化国考"以考促教""以考促改"的功能

自 2011 年教育部在湖北、浙江 2 个省份试点推行国家教师资格考试以来，经过多年的逐步推进，2015 级入学的所有师范生都要参加全国教师资格统考已是必然要求。然而，段志贵（2017）通过比较高师院校数学与应用数学（师范类）专业学科知识与教学能力相关课程设置发现，许多高师院校不太重视教师资格考试。②改革后的教师资格考试突出了对教育实践能力的考查，研究者在访谈中却发现不少师范院校从事数学学科教学课程类的教师对国家教师资格考试中实践教学能力的评价标准、评价流程、评分要素并不够

---

① 中华人民共和国教育部.教育部关于印发《普通高等学校师范类专业认证实施办法(暂行)》的通知:教师[2017]13 号[A/OL].(2017-11-08)[2018-3-30].http://www.moe.gov.cn/src-site/A10/s7011/201711/t20171106_318535.html.

② 段志贵.学科教学知识与教学能力视角下的职前数学教师课程设置比较研究[J].高等理科学刊,2017,37(11):57-62.

了解，因此在实践教学中难以有针对性地进行训练。研究者在对我国有代表性的三类六所师范院校 599 名职前数学教师的调查中也发现：超过五分之二的职前数学教师不了解《中学教师专业标准（试行）》中给出的中学合格教师专业素质的基本要求；35.8％的职前数学教师不了解中小学数学教师入职的基本要求。这说明不论是师范院校，还是从事数学学科教学的教师以及职前数学教师，对教师资格考试的具体内容以及相关的评价方法均缺乏足够了解，更没有深入关注过。本研究通过对师范院校数学与应用数学（师范类）课程设置的调查，发现课程设置过程中存在一定的经验性和随意性，这说明目前教师入职时应具备哪些知识，教育界还没有达成共识，也缺乏实证层面的研究作为支撑，因此，教师资格考试命题机构需要与培育教师的母校——师范院校进行广泛的合作与研讨，优化命题，并及时分享，从而强化国考"以考促教""以考促改"的功能。

（2）应将教育实践作为教师资格考试的必备条件，并把教育实践效果作为通过教师资格考试的决定性因素

国家教师资格考试是从事教师职业的准入条件和标准，其考核方式是不管考生之前的受教育背景及过程如何，只要具备相应的学历条件，并通过考试即可获取教师资格证书。然而，仅仅通过教师资格考试能否全面评价申请者是否具备从事教师职业所必需的教育教学基本素质和能力在学术界有所争议。正如朱旭东等人研究认为，教师的实践能力、专业认同、情感、价值观等并不是考试可以衡量的，因为它们是专业养成的，而专业养成是需要时间的。[①]由于教育实践既是学科教学知识生成的重要平台，又是学科教学知识得以充分运用的重要场域。因此，在真实的教育实践中往往能够观察和评估教师对包括学科教学知识在内的专业知识的掌握程度，以及评价教师将包括学科教学知识在内的专业知识外化形成显性教学能力的转化程度。因此，教育实践成为不少国家评价申请者是否具备从事教师职业所必需的教育教学基本

---

①　朱旭东,袁丽.教师资格考试实施的制度设计[J].教育研究,2016(5):105-109.

素质和能力的考核途径。如美国于 2013 实施了第一个全国可通用的职前教师评价体系（edTPA，TeacherPerformanceAssessment），目前已有 38 个州的教师教育项目采用了该评价体系，并且阿拉巴马州、乔治亚州已将实习教师表现性评价结果作为师范生毕业后能否获得初级教师资格证的依据①。教育实习是美国绝大多数州和澳大利亚教师教育专业毕业生申请教师注册必须具备的重要条件②，而加拿大教育实习课程不仅试行严格的淘汰制，也是获取教师资格证书的重要前提③。基于目前教师资格考试的实际状况以及国际上已有的做法，我国也有必要将申请者参与的教育实践经历及其实践效果纳入教师资格考核的评价体系内。

（3）应把对教育对象学生学习心理和行为的关注与考查作为教师资格考试的重要考核内容而加以强化

教师资格考试中对职前数学教师学科教学知识的考察主要体现在笔试科目三"学科知识与教学能力"以及科目四试讲面试中。从笔试科目《学科知识与教学能力》的考试大纲内容来看，较为关注考察申请者在教学设计、实施及其评价方面的知识和能力。胡久华等（2016）通过对中美科学教师资格认证考试形式及内容的比较研究发现，美国在学科教学知识的笔试中更多地注重教师在解决学生的学习困难和特定需要、对学生进行进阶评估等方面表现出来的能力。④而朱旭东（2016）也在研究中提及我国教师资格考试的内容缺乏对作为教育对象的学生和作为教育过程不可缺少的学习环节的关注。⑤而面试中主要采取情境模拟的方式，缺乏学生参与的试讲，难以真实、全面地

① 李政云,王攀.美国实习教师表现性评价及其对我国教育实习评价的启示[J].湖南师范大学教育科学学报,2018,17(1):94-98.
② 刘江岳.专业化:中学教师职前教育研究[D].苏州:苏州大学,2014:95-113.
③ 付光槐,刘义兵.中加职前教师教育实习课程比较——RLTESECC 项目交换生实习经历的启示[J].比较教育研究,2016,38(4):93-99.
④ 胡久华,李燕,侯文群.中美科学教师资格认证考试形式及内容的比较研究[J].外国中小学教育,2016(1):44-51.
⑤ 朱旭东,袁丽.我国"教师资格考试"政策解读[J].贵州师范大学学报(社会科学版),2016(4):107-115.

考查申请者在实际课堂教学中与学生的互动程度以及对学生学习行为和心理的了解和把控能力。鉴于学生是教学的主体，而教师教学的前提是对学情的充分了解与把握，并且保持良好的师生互动也是开展有效教学的条件之一。因此，理解和把握学生的数学学习心理，并在此基础上，研究和把握教学过程中教与学的基本规律，已经成为教师搞好数学教学的先决条件。①而本研究通过专家咨询和对职前教师的访谈，也从实证层面验证了学生数学知识是职前数学教师需要具备的重要知识。所以教师资格考试要在原有基础上，强化对教育对象（学生）学习心理的关注与考查，如可以通过面试中的提问或新增相关环节进行评估。

① 曹才翰,章建跃.数学教育心理学(第二版)[M].北京:北京师范大学出版社,2007.

结　语

高素质的教师是决定教育改革成败的关键因素，而处于教师知识结构中心的学科教学知识对教师的课堂行为影响最大，是教师从事教学工作和促进专业发展的重要基础，在教师自身的教育实践和专业发展中具有重要价值。

合理界定我国职前数学教师数学教学知识的构成是当前研究中的难点。目前有关数学教师学科教学知识的研究以在职阶段为主，职前阶段偏少，对职前数学教师学科教学知识进行深入系统性的研究更少。职前教师学科教学知识的研究较多地依赖在职教师的标准去评价职前数学教师的水平，然而这两者处于不同的发展阶段，教学实践的经历也完全不同[①]，因而运用在职数学教师问卷能否准确检测并客观反映职前数学教师学科教学知识的实际状况，值得思考。基于此，构建能够体现职前数学教师学科教学知识自身特点，并在具体指标的构成与表征上与在职教师有一定区分度的职前数学教师学科教学知识体系就显得尤为重要和必要。故本研究在界定职前数学教师学科教学知识的概念、内涵的基础上，通过德尔菲法和专家征询的方式，探索性地构建了职前数学教师学科教学知识的指标体系与模型，并将相关要素的指标具体化。该体系较为系统完整，易于理解把握，并容易操作实施和观察评估。在研究中从专家视角对职前数学教师胜任将来的教学工作所应具备的学科教

---

① 韩继伟,马云鹏,吴琼.职前数学教师的教师知识状况研究[J].教师教育研究,2016,28(3):67-72.

学知识的"量"和相应的"质"进行了一定程度的回答。期望职前数学教师数学教学知识指标体系的构建能够丰富我国数学教师学科教学知识理论层面的研究，为基于国考背景下的教师资格考试中数学学科教学知识的命题、考核、评价，提供可参考的理论框架，并为入职数学教师学科教学知识的检测和诊断提供借鉴。

本研究以职前数学教师学科教学知识的指标体系拟定的相关调查问卷为主，辅以访谈法、文本分析法等，对不同层次师范院校数学师范类本科毕业班学生的学科教学知识现状进行了实证研究，并据此提出了培养和发展职前数学教师学科教学知识的针对性策略。由于本研究调查院校覆盖区域较广、所属院校类别较全面，因此研究结果的呈现有助于后续研究者客观而全面地了解职前数学教师的学科教学知识现状，并为职前教师的培养和在职教师的培训提供决策依据和策略借鉴。

然而，本研究仍然存在不足之处，职前数学教师学科教学知识现状的反映主要依据职前数学教师的自我评估，而自我评价结果可能与其实际状况存在一定差异。且问卷偏重测试学科教学知识的理论层面，而实践层面的知识难以通过问卷来显示。为了更真实地反映职前数学教师的实际状况，研究者通过访谈法、问卷调查法等进行了一定程度的补充。因此，职前数学教师学科教学知识的测评工具仍需不断改进和完善。同时，本研究有关职前数学教师学科教学知识现状的研究在量化研究中主要选取了我国不同地域不同层次的六所师范院校 599 名职前数学教师作为研究对象，虽然能够较好地反映当前我国职前数学教师学科教学知识的现状，但是我国幅员辽阔，不同区域职前数学教师的学科教学知识存在较大差异，呈现各自的特点，如果能够扩大样本量，在更多省份进行广泛调研，得到的结果无疑会更全面地体现我国职前数学教师学科教学知识的总体状况。

此外，在对职前数学教师学科教学知识形成与发展的影响因素进行调查的过程中，有不少职前教师表示，在大学期间所开设的课程与以后的职业发展没有直接联系，学太多的理论不如多进行一些教学实践。那么对于数学与应用数学（师范类）究竟开设什么样的数学课程才能真正促进数学教师专业化的发展，才能既满足职前教师的入职要求，又能兼顾其专业化发展的长远之需，仍需更为具体而严谨的论证。而在数学教师成长过程中，教育理论如何引领并有效指导教学实践，如何使教育理论与教学实践充分融合，仍值得研究者不断探索。

参考文献

（一）专著部分

[1] 范良火. 教师教学知识发展研究(第二版)[M]. 上海:华东师范大学出版社,2003.

[2] 林崇德. 教育的智慧[M]. 北京:北京师范大学出版社,2005.

[3] 单文经. 教学专业知能的性质初探[M]. 台北:师大书苑,1990.

[4] 叶澜,白益民. 教师角色与教师发展新探[M]. 北京:教育科学出版社,2001.

[5] 朱旭东. 教师专业发展理论研究 [M]. 北京：北京师范大学出版社,2011.

[6] 约翰·杜威. 学校与社会·明日之学校[M]. 赵祥麟,任钟印,吴志宏,译. 北京:人民教育出版社,2005.

[7] 李琼. 教师专业发展的知识基础——教学专长研究[M]. 北京:北京师范大学出版社,2009.

[8] 涂荣豹,季素月. 数学课程与教学论新编[M]. 南京:江苏教育出版社,2007.

[9] Charlotte Danielson,Thomas L. McGreal. 教师评价——提高教师专业实践能力[M]. 唐悦,译. 北京:中国轻工业出版社,2005.

[10] 曹才翰,章建跃. 数学教育心理学(第二版)[M]. 北京:北京师范大学

出版社,2007.

[11] 徐章韬.面向教学的数学知识——基于数学发生发展的视角[M].北京:科学出版社,2013.

[12] 胡惠闵,王建平.教师专业发展 [M].上海：华东师范大学出版社,2014.

(二) 期刊部分

[1] 李萍,倪玉菁.教师变量对小学数学学习成绩影响的多水平分析[J].教师教育研究,2006,18(3).

[2] 鲍银霞,孔企平.学科教学知识：影响教与学的关键变量——教师的MPCK对数学教与学影响实证研究述评[J].教育发展研究,2014(18).

[3] 刘晓婷,郭衎,曹一鸣.教师数学教学知识对小学生数学学业成绩的影响[J].教师教育研究,2016,28(4).

[4] 章勤琼,方均斌.2013年"国际视野下中国特色的数学教师MPCK研究"专题国际数学教育研讨会会议纪要[J].数学教育学报,2013,22(4).

[5] 汤杰英,周兢,韩春红.学科教学知识构成的厘清及对教师教育的启示[J].教育科学,2012,28(5).

[6] 翟俊卿,王习,廖梁.教师学科教学知识(PCK)的新视界——与范德瑞尔教授的对话[J].教师教育研究,2015,27(4).

[7] 陈碧芬,张维忠.数学教学知识评价工具评价及启示[J].浙江师范大学学报(社会科学版),2014(4).

[8] 唐泽静,陈旭远."学科教学知识"的发展及其对职前教师教育的启示[J].外国教育研究,2010,37(10).

[9] 陈向明.实践性知识:教师专业发展的知识基础[J].北京大学教育评论,2003(1).

[10] 张传燧.教师专业化:传统智慧与现代实践[J].教师教育研究,2005(1).

[11] 黄兴丰,马云鹏.学科教学知识的肇始、纷争与发展[J].外国教育研

究,2015(3).

[12] 赵晓光,马云鹏.外语教师学科教学知识的要素及影响因素辨析[J].外国教学理论与实践,2011,38(11).

[13] 岳定权.浅议教师学科教学知识及其发展[J].教育探索,2009(2).

[14] 黄毅英,许世红.数学教学内容知识——结构特征与研发举例[J].数学教育学报,2009,18(1).

[15] 刘俊华,胡顺典,季静萍,等.高中数学教师 MPCK 发展的调查研究[J].数学教育学报,2015,24(1).

[16] 廖冬发,周鸿,陈素苹.关于中小学教师学科教学知识来源的调查与分析[J].教育探索,2009(12).

[17] 胡晓文,赵燕春,刘承萍.国内数学学科教学知识研究综述及对高师数学教育的启示[J].长春教育学院学报,2013(10).

[18] 童莉.数学教师专业发展的新视角——数学教学内容知识(MPCK)[J].数学教育学报,2010,19(2).

[19] 董涛.数学课堂中 PCK 的结构[J].内蒙古师范大学学报(教育科学版),2010(8).

[20] 李渺,宁连华.数学教学内容知识(MPCK)的构成成分表现形式及其意义[J].数学教育学报,2011,20(2).

[21] 毕力格图.数学教师学科教学知识发展的双环模式[J].中小学教师培训,2011(1).

[22] 章勤琼,郑鹏,谭莉.师范生数学教学知识的实证研究[J].数学教育学报,2014,23(4).

[23] 韩继伟,马云鹏,吴琼.职前数学教师的教师知识状况研究[J].教师教育研究,2016,2(3).

[24] 胡典顺.MPCK 视角下的解题案例分析[J].数学通讯,2011(12).

[25] 钱旭升,童莉.数学知识向数学教学知识转化的个案研究——基于新手与专家型教师的差异比较[J].长春理工大学学报(高教版),2009,4(3).

[26] 上海市青浦实验研究所.小学数学新手和专家教师 PCK 比较的个案

研究——青浦实验的新世纪行动之四[J].上海教育科研,2007(10).

[27] 崔允漷,夏雪梅."教—学—评一致性":意义与含义[J].中小学管理,2013(1).

[28] 曹一鸣,郭衎.中美教师数学教学知识比较研究[J].比较教育研究,2015(2).

[29] 傅敏,丁亥福赛.数学教师教学知识研究:进展、问题及走向[J].宁波大学学报(教育科学版),2009,31(6).

[30] 郭朝红.高师课程设置:前人研究了什么[J].高等师范教育研究,2001,13(2).

[31] 赵晓光,马云鹏.卓越教师培养背景下的师范生学科教学知识发展[J].黑龙江高教研究,2015(2).

[32] 梅松竹,冷平,王燕荣.数学教师 MPCK 之案例剖析[J].中学数学杂志,2010,19(11).

[33] 唐泽静,陈旭远.学科教学知识视域中的教师专业发展[J].东北师大学报(哲学社会科学版),2010(5).

[34] 刘义兵,郑志辉.学科教学知识再探三题[J].课程·教材·教法,2010,30(4).

[35] 武丽志,吴甜甜.教师远程培训效果评估指标体系构建——基于德尔菲法的研究[J].开放教育研究,2014,20(5).

[36] 丁锐,马云鹏,王影.小学教育专业师范生数学教师知识的状况及其来源分析[J].东北师大学报(哲学社会科学版),2012(4).

[37] 陈子蔷,胡典顺,何穗.中国目前 MPCK 研究综述[J].数学教育学报,2012,21(5).

[38] 钱海锋,姜涛.职前教师学科教学知识发展:一种系统的视角[J].教育评论,2016(6).

[39] 苏捷斯.基于德尔菲法的国际金融中心评价指标体系构建 [J].科技管理研究,2010,30(12).

[40] 毛耀忠,张锐.西方数学教师学科教学知识研究述评[J].中小学教师

培训,2013(12).

[41] 刘远碧.师范生教育实习制度与教师资格证国考的冲突及改革路径[J].教育与教学研究,2017,31(8).

[42] 柏灵.普通教师标准引领下的英国教师入职培训及启示[J].教育理论与实践,2012(8).

[43] 段志贵.学科教学知识与教学能力视角下的职前数学教师课程设置比较研究[J].高等理科学刊,2017,37(11).

[44] 朱旭东,袁丽.教师资格考试实施的制度设计[J].教育研究,2016(5).

[45] 李政云,王攀.美国实习教师表现性评价及其对我国教育实习评价的启示[J].湖南师范大学教育科学学报,2018,17(1).

[46] 胡久华,李燕,侯文群.中美科学教师资格认证考试形式及内容的比较研究[J].外国中小学教育,2016(1).

[47] 朱旭东,袁丽.我国"教师资格考试"政策解读[J].贵州师范大学学报(社会科学版),2016(4).

[48] 吕世虎,吴振英,杨婷,等.单元教学设计及其对促进数学教师专业发展的作用[J].数学教育学报,2016,25(5).

[49] 赵萍,李琼.超越"学术性"与"实践性"的钟摆之争?——对话美国哥伦比亚大学教师学院林·古德温教授[J].比较教育研究,2015,37(7).

[50] 王建平.德国教师教育的特点及启示[J].教学与管理,2007(07).

[51] 张晓光.研究取向的中小学教师职前教育探析——以芬兰为例[J].教育研究,2016(10).

[52] 杨燕燕.挑战与应对:论教师职前实践教学中的师徒式临床指导[J].全球教育展望,2014(06).

[53] 殷玉新,马洁.国外教师专业发展研究的新进展[J].全球教育展望,2016(11).

[54] 付光槐,刘义兵.中加职前教师教育实习课程比较——RLTESECC项目交换生实习经历的启示[J].比较教育研究,2016,38(4).

[55] 钱小龙,汪霞.美、英、澳三国教师教育课程设置的现状与特点[D].

外国教育研究,2011,38(4).

[56] 周文叶,周淑淇.教师评价素养:教师专业标准比较的视角[J].比较教育研究,2013(6).

[57] 陈静安,杨蕾,孙莅文.中学数学教师职前教育及课程结构比较研究[J].云南师范大学学报(自然科学版),2011,31(01).

[58] 寇尚乾.教师自我专业发展意识的培养[J].教育与职业,2012(15).

[59] 孟小军,任胜洪.高师学生自我专业发展意识现状调查与分析[J].高等教育研究,2006(3).

[60] 王智明.小学教育专业师范生 MPCK 发展途径探索 [J].教育探索,2016(9).

[61] 王鉴,徐立波.教师专业发展的内涵与途径——以实践性知识为核心[J].华中师范大学学报(人文社会科学版),2008(5).

[62] 段艳霞.唤起自我发展意识,促进教师专业发展——论教师寻求自我专业发展的途径[J].师资培训研究,2003(04).

[63] 王夫艳.实践中学习教学——香港师范生专业实践能力的培养理念评析[J].全球教育展望,2012,41(12).

(三) 学位论文部分

[1] 童莉.初中数学教师数学教学知识的发展研究——基于数学知识向数学教学知识的转化[D].重庆:西南大学,2008.

[2] 马敏.PCK论——中美科学教师学科教学知识比较研究 [D].上海:华东师范大学,2011.

[3] 朱林民.高中英语新手教师专业发展的知识基础研究——以江西省赣县中学为例[D].上海:华东师范大学,2007.

[4] 沈睿.复杂理论视角下对化学教师 PCK 的研究[D].武汉:华中师范大学,2012.

[5] 柳笛.高中数学教学学科教学知识的案例研究[D].上海:华东师范大学,2011.

［6］董涛.课堂教学中的 PCK 研究［D］.上海:华东师范大学,2008.

［7］张超.职前教师与在职教师数学教学知识的对比研究［D］.长春:东北师范大学,2013.

［8］胡小雪.高中数学教师 MPCK 结构的研究［D］.武汉:华中师范大学,2012.

［9］景敏.基于学校的数学教师教学内容知识发展策略研究［D］.上海:华东师范大学,2006.

［10］朱龙.职后高中数学教师 MPCK 发展的实证研究［D］.武汉:华中师范大学,2014.

［11］庞雅丽.职前数学教师的 MKT 现状及发展研究［D］.上海:华东师范大学,2011.

［12］鲍银霞.广东省小学数学教师 MPCK 的调查与分析［D］.上海:华东师范大学,2016.

［13］廖冬发.数学教师学科教学知识结构缺陷与完善途径的研究［D］.重庆:西南大学,2010.

［14］孙兴华.小学数学教师学科教学知识建构表现的研究［D］.长春:东北师范大学,2015.

［15］冷蓉.高校师范生教学实践能力调查研究——以 S 大学为例［D］.上海:上海师范大学,2013.

［16］陈鑫.准教师数学教学知识的调查研究——以东北师范大学为个案［D］.长春:东北师范大学,2010.

［17］樊靖.高师院校数学师范生学科教学知识现状调查及研究［D］.西安:陕西师范大学,2013.

［18］张小青.职前高中教师 MPCK 的内涵及发展研究［D］.武汉:华中师范大学,2014.

［19］庄丽薇.高中数学教师 PCK 的个案研究［D］.桂林:广西师范大学,2012.

［20］刘海燕.MPCK 视角下的高中教学实践研究［D］.武汉:华中师范大

学,2014.

[21] 杨秀钢.高中数学新教师与经验教师 PCK 比较的个案研究[D].上海:华东师范大学,2009.

[22] 刘俊华.高中数学教师的 MPCK 发展研究[D].武汉:华中师范大学,2012.

[23] 吴木通.地方院校师范生 MPCK 研究[D].漳州:闽南师范大学,2014.

[24] 李渺.教师的理性追求——数学教师的知识对数学教学的影响研究[D].南京:南京师范大学,2007.

[25] 张守波.数学教师教育本科专业课程体系与教学模式统整研究[D].长春:东北师范大学,2009.

[26] 黄友初.基于数学史课程的职前教师教学知识发展研究[D].上海:华东师范大学,2014.

[27] 杨秀玉.教育实习:理论研究与对英国实践的反思[D].长春:东北师范大学,2010.

[28] 郭宁.高中数学新手型教师与专家型教师 MPCK 的比较研究[D].新乡:河南师范大学,2016.

[29] 冯举山.职前数学教师的培养研究[D].新乡:河南师范大学,2015.

[30] 刘江岳.专业化:中学教师职前教育研究[D].苏州:苏州大学,2014.

[31] 覃丽君.德国教师教育研究[D].重庆:西南大学,2014.

[32] 杨惠芳.职前教师专业意识及其影响因素研究[D].西安:陕西师范大学,2014.

(四) 文件部分

[1] 中华人民共和国教育部.关于印发《幼儿园教师专业标准(试行)》《小学教师专业标准(试行)》和《中学教师专业标准(试行)》的通知:教师〔2012〕1号 [A/OL].(2012-09-13)[2018-3-30].http://www.moe.gov.cn/srcsite/A10/s6991/201209/t20120913_145603.html.

[2] 中华人民共和国教育部.教师教育课程标准 (试行)[EB/OL].(2011-

10–08）［2018–3–30］.http://www.moe.gov.cn/srcsite/A10/s6991/201110/t20111008_145604.html.

［3］中华人民共和国教育部.关于大力推进教师教育课程改革的意见:教师〔2011〕6号［A/OL］.（2011–10–19）［2018–3–30］.http://www.moe.gov.cn/srcsite/A10/s6991/201110/t20111008_145604.html.

［4］中共中央，国务院.关于全面深化新时代教师队伍建设改革的意见［EB/OL］.（2018–01–20）［2018–3–30］.https://www.gov.cn/gongbao/content/2018/content_5266234.htm.

［5］中华人民共和国教育部.教育部关于印发《普通高等学校师范类专业认证实施办法(暂行)》的通知:教师〔2017〕13号［A/OL］.（2017–11–08）［2018–3–30］.http://www.moe.gov.cn/srcsite/A10/s7011/201711/t20171106_318535.html.

（五）外文文献部分

［1］Shulman L S. Those Who Understand:Knowledge Growth in Teaching［J］. Educational Researcher,1986,15(7).

［2］Shulman L S. Knowledge and teaching:Foundations of the reforms［J］. Harvard Educational Review,1987,57(1).

［3］Grossman. The making of a teacher:Teacher knowledge and teacher education［M］. New York:Teachers College Press,1990.

［4］Mcewan H,Ball B. The Pedagogic nature of subject matter knowledge［J］. American Educational Research Journal,1991,28(2):316–334.

［5］Marks,R. Pedagogical Content Knowledge:from a mathematical case to a modified conception［J］. Journal of Teacher Education,1990,41(3):3–11.

［6］Krauss. S. Pedagogical Content Knowledge and Content Knowledge of Secondary Mathematics Teachers［J］. Journal of Educational Psychology,2008,100(3):716–725.

［7］Speer, Nataha M,Wanger, et al. Knowledge needed by a teacher to provide analytic scaffolding during undergraduate mathematics classroom discussions

[J]. Journal for Research in Mathematics Education,2009,40(5):530-562.

[8] Julie Gess-Newsome. Examing Pedagogical Content Knowledge: The Construct and its Implications for Science Education[M]. Kluwer Academic Publishers, 1999.

[9] Diane Barrett,Kris Green. Pedagogical Content Knowledge as a Foundation for an Interdisciplinary Graduate Program[J]. Science Educator,2009,18(1): 17-28.

[10] Hashweh,M. Z. Teacher Pedagogical contructions:a reconfiguration of pedagogical content nowledge.[J]. Teachers and Teaching:theory and practice, 2005,11(3):273-292.

[11] Cochran,K.,DeRuiter,J.W King,R..Pedagogical content knowing:an integrative model for teacher preparation[J]. Journal of Teacher Education,1993,44 (4):263-271.

[12] Fernandez -Balbao,J.M.WStieh,J..The generic nature of pedagogical content knowledge among college professors[J]. Teaching and Teacher Education, 1995,11(3):293-306.

[13] Mathematics,N. C. O. T. O. Algebra and Algebraic Thinking in School Mathematics[M]. National counil of teachers of mathematics 2008.

[14] Shuhua An,Gerald Kulm,Zhonghe Wu. The Pedagogical Content Knowledge of Middle School,Mathematics Teachers in China and U. S.[J]. Journal of Mathematics Teacher Education,2004(2).

[15] Heather C. Hill. Unpacking Pedagogical Content Knowledge:Conceptualizing and Measuring Teachers'Topic-specific knowledge of Students[J]. Journal for Research in Mathematics Education,2008,39(4):372-400.

[16] Turner-Bisset,R. Expert Teaching :Knowledge and Pedagogy to Lead the Profession[M]. London:David Fulton Publishers,2001.

[17] An S,Kulm G,Wu Z. The Pedagogical Content Knowledge of Middle School,Mathematics Teachers in China and the US[J]. Journal of Mathematics

Teacher Education,2004,7(2):145–172.

[18] Thomas J. Cooney. Research and Teacher Education:In Search of Com-mon Ground [J]. Journal of Research in Mathematics Education,1994,25(6).

[19] Betty E. Steffy,Michael P. Wolfe,Suzanne H. Paschand,et al. Enze. Life Cycle of the Career Teacher[M]. Thousand Oaks,California:Cowin Press,Inc,2000.

[20] Carlson R. Assessing Teachers'Pedagogical Content Knowledge:Item De-velopment Issues[J]. Journal of Personal Evaluation in Education,1990,4(2).

[21] STEP. Clinical work[EB/OL]. http://suse–step. stanford. edu/elementary/clinical. htm,2010–04–26.

致　谢

　　在高校工作十年以后，能够以博士生的身份重新投入新的学习生活，是个令人兴奋和富于挑战的选择，虽然其间经历了困惑、焦虑与压力，但回想起来，更多的还是愉快和收获。回首向来萧瑟处，亦有风雨亦有晴。读博四年，是我人生中转瞬即逝却永难忘怀的四年，看着校园熟悉的风景，心中充满留恋与不舍。

　　论文得以完成，首先感谢我的导师吕世虎教授的悉心指导。感谢吕老师让我有机会成为他的学生，感谢吕老师在我学业成长道路上的用心引领与悉心培养。从小论文字斟句酌的修改、参考文献的修正到毕业论文的选题、开题、框架确定、调研的开展、初稿、修改、成稿……学业路上所取得的每一个点滴进步都浸透着导师大量的心血和无私的付出。四年来，吕老师对我的帮助润物细无声地体现在若干次的汇报讨论、日常谈话、往来邮件中……导师不倦的教诲与启迪将是我人生中最为宝贵的精神财富。老师饱满的工作热情、严谨求实的学术作风永远是我高山仰止的学习榜样，老师的教导如春风化雨，永润心田，老师的修养闲适淡然，如菊似兰。感谢恩师几年来辛勤的教诲，让我成长了很多。蓦然回首，恩师的言传身教已不知不觉将自己改变了许多……在此，我向恩师致以崇高的敬意和衷心的感谢！

　　母校西北师大人文荟萃、大师云集、学养深厚。感谢为我们讲授专业课的胡德海先生、王嘉毅教授、万明钢教授、王鉴教授、傅敏教授、刘旭东教授，他们高屋建瓴、开放多元，始终站在学术前沿授业，极大地拓宽了我的学术视野，而且老师们严谨的治学态度、诲人不倦的师长风范也为我树立了做人、做事、做学问的楷模。感谢徐继存教授、赵明仁教授、蒋秋霞教授在论文开题和预答辩过程中给予的宝贵意见和建议，他们的点拨使得我的论文增色不少。感谢数学教育研究所张定强教授、李保臻教授、焦彩珍副教授、温建红副教授在生活中给予的关心和在论文写作过程中给予的指导与帮助。感谢教育学院以生为本的育人理念和开放包容的育人环境，让我在求学期间得以有机会聆听多场来自国内外知名高校的顶尖学者的讲座，这对于我学科学习和学术思维的开拓有很大的启发作用。

感谢师母侯坚老师以她特有的善解人意给予离家千里之外的我更多的情感慰藉和细致呵护。感谢我的硕士生导师广州大学郭华光副教授，是郭老师在人生最为关键的时刻给予了我深造求学的机会，使我的人生道路发生了改变！感谢叶蓓蓓师姐、张维民师兄、曹春艳师姐、逯慧师兄在论文写作过程中为我释疑解惑、指点迷津。感谢和我一起就读的同窗好友李晓梅、莫蓉、王爽、王文丽、胡君、花文凤以及历史与文化学院的韩蓓蓓，求学路上的相知相伴，使我收获了不少的充实与欢笑。感谢同门师弟师妹任利娟、彭燕伟、杨健、赵倩、杨婷、谢颖、王想全、李凯、刘冰、曾海英、项丽红、王娟娟、江静、李俊彦等，难忘讨论班上一起讨论学问、分享教育智慧的场景，我会记得这几年来和大家并肩携手、共同奋斗的日子。感谢老乡高瑞荣师弟在论文写作过程中给予的建议和在问卷统计中给予的帮助。

论文能够顺利完成特别要感谢在百忙之中参与咨询调查的各位专家，他们精彩而智慧的分享，为论文的撰写奉献了很多独到而深刻的见解。谢谢参与调查的多所师范院校的职前教师，他们真诚而坦率的回答以及对相关问题的深入思考，让我再一次深深地感受到，职前教师学科教学知识的研究不可能脱离职前教师本身，用心倾听他们的想法与感受是研究中最不可缺少、最为关键的环节。

感谢华东师范大学数学系李海博士、齐春燕博士，陕西师范大学教育学院尚小青老师、数学与信息科学学院田枫老师、王允博士，华南师范大学数学科学学院彭上观博士，广州大学数学与信息科学学院常春艳师妹在论文调研过程中提供的各种便利与支持。感谢我的工作单位肇庆学院数学与统计学院领导和同事的支持与帮助，使我得以全身心地攻读博士学位。

最后要感谢家人对我读博的支持与辛苦付出。感谢我的父母，在"家有黄金用斗量，不如送儿上学堂"的家风熏陶下，他们无私的爱与付出铺就了我学业路上的坦途。感谢我的公公婆婆，为了成就我的学业梦，不顾年迈体弱，克服了难以想象的艰难，从遥远的北国之疆辗转到南国广东帮我照顾家庭和孩子；感谢爱人的鼎力支持和全心付出，为我撑起了一片温馨的港湾。感谢女儿，在我外出求学期间度过了若干个没有妈妈陪伴的夜晚，却依然把最暖心的爱与鼓励送给妈妈。家人的陪伴与守护，使我没有后顾之忧，安心完成学业。

总之，我会始终珍惜读博的历程，它不仅是思想和心灵成长的过程，更是生命里不可复制的体验。通过博士阶段的学习，我真正明白了生活不止眼前的苟且，还有远方天际间的恢宏，而今天之所以能够登高远眺欣赏外面美丽的风景，是因为有老师、亲人、朋友们一直以来默默的给予与付出，再一次感谢大家，也感谢我深深爱着的母校——西北师范大学！

吴振英

二〇一八年三月于西北师范大学

附　录

附录一　职前数学教师学科教学知识体系（专家问卷）

德尔菲法第一轮问卷

尊敬的专家：

　　您好！非常感谢您在百忙之中参与我们的调查。在深化课程改革和国家教师资格考试制度变革的背景下，为了准确了解我国职前数学教师学科教学知识发展的现状，构建一个科学有效的职前数学教师学科教学知识体系作为参照尤为重要。本研究运用德尔菲法向在职前数学教师学科教学知识方面有深入研究以及有丰富教学经验的您咨询，您宝贵的意见是我们建立指标体系的重要依据。问卷采用不记名方式填写，所有信息只用于课题研究，请根据您的真实情况和想法填写。再次感谢您花费宝贵的时间完成这份问卷。

　　第一部分：基本信息（请在相应选项后的方框内画"√"）

性别：①男□　②女□

教龄：①20 年以上□　②10—20 年□　③5—10 年□　④5 年以下□

学历：①研究生□　②本科□　③专科□　④专科以下□

续表

您所属单位类别：①高等院校□　②教研部门□　③中学□	
职称：①高级（中高/正副教授/正副研究员）②中级（小高/讲师/中一/助理）③其他□	
您现在的学科背景：①数学□　③数学教育□	

第二部分：职前数学教师学科教学知识各构成要素在职前阶段重要程度的调查

数学教师的学科教学知识是数学知识与教学知识深度融合而生成的知识，其旨在将数学内容知识以学生能够理解的方式进行表述、呈现与解释，以提升教学的有效性。本研究认为职前数学教师的学科教学知识主要包括五个部分，即五个维度，它们分别为：关于数学课程资源的知识、关于数学课程内容的知识（不包括数学学科知识）、关于学生学习数学的知识、关于数学教学的策略性知识、关于数学教与学的评价性知识。

填写说明：本问卷的指标体系是在文献研究和专家调查的基础上初步形成的，主要包含5个维度、11个一级指标、47个二级指标。请您对问卷的维度、指标提出增加、删除及修正建议，并根据您自己的理解对学科教学知识各个具体的维度、指标在教师职前阶段的重要程度作出评价。其中，1——很不重要；2——较不重要；3——一般；4——较重要；5——很重要。

一、职前数学教师学科教学知识的五个维度在职前阶段重要程度的调查

维度	重要性评分	修改建议
关于数学课程资源的知识		
关于数学课程内容的知识		
关于学生学习数学的知识		
关于数学教学的策略性知识		
关于数学教与学的评价性知识		

二、职前数学教师学科教学知识的一级指标在职前阶段重要程度的调查

维度	一级指标	重要性评分	修改建议
关于数学课程资源的知识	关于数学课程标准的知识		
	关于数学教材的知识		
	关于信息技术及实物材料等教学辅助性资源的知识		
关于数学课程内容的知识	有关数学课程内容的纵向结构知识		
	有关数学课程内容的横向结构知识		
关于学生学习数学的知识	关于学生学习数学方面的准备知识		
	关于学生学习数学困难的知识		
关于数学教学的策略性知识	有关数学教学设计的知识		
	有关数学教学组织与实施的知识		
关于数学教与学的评价性知识	对数学教学进行评价与诊断的知识		
	对学生数学学习进行评价与诊断的知识		

三、职前数学教师学科教学知识的二级指标在职前阶段重要程度的调查

(一) 关于数学课程资源的知识

	重要性评分	修改建议
1. 课程标准的内涵及其功能		
2. 课程标准中有关数学课程性质的表述及定位		
3. 课程标准中有关数学课程理念（如数学理念、数学教学理念、数学学习理念）的表述		
4. 课程标准中有关数学课程目标的定位与表述		
5. 课程标准中对相关教学内容的定位与要求		
6. 教材中相关教学内容的编排方式		
7. 教材中具体内容的呈现位置与编排顺序		

续表

	重要性评分	修改建议
8. 分析研究教材的基本方法（如分析某一具体内容在特定或不同版本中呈现的特点等）		
9. 对数学教学中常用的数学课程辅助资源及其获得途径的了解		
10. 数学模型及其直观教具的制作与使用		
11. 传统教学工具在教学中的熟练运用		
12. 运用常用计算机软件进行课件的制作与展示		
13. 开发数学课程资源的方法与策略		

（二）关于数学课程内容的知识

	重要性评分	修改建议
1. 重要数学概念、法则、结论发展的历史过程		
2. 中小学数学内容的知识体系以及学段间相关内容的关联性		
3. 某一教学内容在数学学科以及各学段中的地位		
4. 中学数学中常见的思想方法		
5. 数学解题的基本理论（如波利亚的"怎样解题表"）		
6. 中学数学与其他相关学科的联系		
7. 中学数学在社会实践中的作用		

（三）关于学生学习数学的知识

	重要性评分	修改建议
1. 不同年龄段学生的数学认知特点和数学学习风格		
2. 学生在学习具体内容时，在知识、能力、情感等方面的准备状况		
3. 数学学习内容与学生既有知识间的相关性		
4. 学生数学学习中可能存在的难点及其形成原因		
5. 学生在数学学习中出现的典型错误及其形成根源		

（四）关于数学教学的策略性知识

	重要性评分	修改建议
1. 数学教学设计的内涵、特点及其基本流程等		
2. 数学教案的设计要求、方法等		
3. 根据教学需要，重组与加工教学内容的基本方法		
4. 确定教学重点和难点的基本方法与理论依据等		
5. 设计能够突出重点和突破难点的教学策略和方式		
6. 对教学过程中情境导入、课堂提问、作业布置等环节进行设计的基本方法		
7. 编制教学计划和教学目标的原则与相应方法等		
8. 根据设计意图，整体设计教学活动方案		
9. 对教学内容进行有效的解释与表征		
10. 对常见教学手段的合理选择与应用		
11. 对常见教学组织方式的理解与运用		
12. 对常见数学学习方式的理解与运用		
13. 对常见教学模式的理解与运用		
14. 对常见数学教学方法的理解与运用		
15. 根据教学反馈，灵活调整与把控教学过程的知识		
16. 对数学教学活动中突发事件的应对与处理		

（五）关于数学教与学的评价性知识

	重要性评分	修改建议
1. 评价教师数学教学效果的基本方法、原则等		
2. 结合评价反馈，调整和改进教学的基本方法		
3. 反思数学教学的方法与基本路径等		
4. 评价学生数学学习效果的基本方法、原则等		
5. 结合学习评价来提升学生学习效果的基本方法等		
6. 引导学生进行自我评价的基本方法		
7. 引导学生进行自我评价的知识		

四、对于职前数学教师学科教学知识体系的构建，您还有什么意见或建议？

五、您认为在职前数学教师的培养过程中，哪些学科教学知识比较重要？为什么？

附录二　职前数学教师学科教学知识体系（专家问卷）

德尔菲法第二轮问卷

尊敬的专家：

您好！首先非常感谢您协助我完成了第一轮专家咨询，希望您能再次协助我完成第二轮专家咨询表。经过第一轮专家咨询后，由于职前数学教师学科教学知识的五个维度和一级指标均已达成一致，故本轮问卷将不再对该层次的划分进行专家意见征询和修改。在第一轮专家咨询后，重点根据专家咨询的整理意见，在二级指标上进行了修改与调整。考虑到二级指标项目多，且经过第一轮问卷的修改与完善，故本轮问卷对二级指标项目的认可度采用二分法，即仅对二级指标设置填写"同意"或"不同意"，而不需要进行指标的增减工作。

填写说明：下面是研究者根据第一轮专家咨询后对职前数学教师学科教学知识体系的二级指标所做的修改与调整，请根据您对所设置的二级指标的认可度做出评价，在相应选项的方框内打"√"。

对职前数学教师学科教学知识的二级指标在职前阶段设置认可度的调查

一、关于数学课程资源的知识

	同意	不同意
1. 课程标准的内涵及其功能		
2. 课程标准中有关数学课程性质、理念的表述与定位		
3. 课程标准中有关数学课程目标的定位与表述		
4. 课程标准中对相关教学内容的定位与要求		
5. 教材中相关教学内容的编排方式		

续表

	同意	不同意
6. 教材中具体内容的呈现位置与编排顺序		
7. 分析研究教材的基本方法（如分析某一具体内容在特定或不同版本中呈现的特点等）		
8. 对数学教学中常用数学课程辅助资源及其获得途径的了解		
9. 数学课程辅助资源在数学教学中整合运用的知识		

二、关于数学课程内容的知识

	同意	不同意
1. 重要数学概念、法则、结论发展的历史过程		
2. 中小学数学内容的知识体系以及学段间相关内容的关联性		
3. 某一教学内容在数学学科以及各学段中的地位		
4. 中学数学中常见的思想方法		
5. 数学解题的基本理论（如波利亚的"怎样解题表"等）		
6. 中学数学在相关学科和社会实践中的应用		

三、关于学生学习数学的知识

	同意	不同意
1. 不同年龄段学生的数学认知特点和数学学习风格		
2. 学生在学习具体内容时，在知识、能力、情感等方面的准备状况		
3. 数学学习内容与学生既有知识间的相关性		
4. 学生学习数学的规律		
5. 学生数学学习中可能存在的难点及其形成原因		
6. 学生在数学学习中常出现的典型错误及其形成根源		

四、关于数学教学的策略性知识

	同意	不同意
1. 数学教学设计的内涵、特点及其基本流程等		
2. 数学教案的设计要求、方法等		
3. 根据教学需要，重组与加工教学内容的基本方法		
4. 确定教学重点和难点的基本方法与理论依据等		
5. 设计能够突出重点和突破难点的教学策略和方式		
6. 对教学过程中情境导入、课堂提问、作业布置等环节进行设计的基本方法		
7. 编制教学计划和教学目标的原则与相应方法等		
8. 根据设计意图，整体设计教学活动方案		
9. 对教学内容进行有效的解释与表征		
10. 对常见教学手段的合理选择与应用		
11. 对常见教学组织方式的理解与运用		
12. 对常见数学学习方式的理解与运用		
13. 对常见教学模式的理解与运用		
14. 对常见数学教学方法的理解与运用		
15. 根据教学反馈，灵活调整与把控教学过程的知识		

五、关于数学教与学的评价性知识

	同意	不同意
1. 评价教师数学教学效果的基本方法、原则等		
2. 结合评价反馈，调整和改进教学的基本方法		
3. 反思数学教学的方法与基本路径等		
4. 评价学生数学学习效果的基本方法、原则等		
5. 结合学习评价来提升学生学习效果的基本方法等		
6. 引导学生进行自我评价的基本方法		
7. 引导学生进行自我评价的基本方法		

附录三　职前数学教师学科教学知识调查问卷（学生问卷）

亲爱的同学：

你好！在深化课程改革和教师入职资格考试制度变革的背景下，为了更好地了解和研究我国职前数学教师学科教学知识发展的现状，我们设计了本问卷。问卷采用不记名方式填写，答案无对错好坏之分，所有信息只用于课题研究，请根据你的真实情况和想法填写。你提供的信息对我们研究的准确性十分重要。敬请放心填写。再次感谢你花费宝贵时间来完成这份问卷。

第一部分：基本信息（请在相应选项后的方框内画"√"）

性别：①男□　②女□

你所在学校的区域：①东部地区□　②西部地区□

你所在学校的类别：①部属院校□　②省属重点院校□　③省属一般院校□

你所在学校的名称：＿＿＿＿＿＿＿＿＿＿＿＿＿＿＿＿＿＿＿＿＿＿

第二部分：职前数学教师学科教学知识的现状调查

数学教师的学科教学知识是数学知识与教学知识深度融合而生成的知识，其旨在将数学内容知识以学生能够理解的方式进行表述、呈现与解释，从而更好地提升教学的有效性。本研究认为职前数学教师的学科教学知识主要包括：关于数学课程资源的知识、关于数学课程内容的知识（不包括数学学科知识）、关于学生学习数学的知识、关于数学教学的策略性知识、关于数学教与学的评价性知识。

填写说明：请结合自身的实际情况，对自己对某项内容的具备程度做出评价。其中，1——很不具备；2——较不具备；3——一般；4——较具备；5——很具备。

一、对职前数学教师学科教学知识各构成要素的现状调查

(一) 关于数学课程资源的知识

调查项目	具备程度 (1—5)
1. 课程标准的内涵及功能	
2. 课程标准中有关数学课程性质、理念的表述与定位	
3. 课程标准中有关数学课程目标的定位与表述	
4. 课程标准中对相关教学内容的定位与要求	
5. 教材中相关教学内容的编排方式 (如螺旋式与直线式、分科式与综合式等)	
6. 教材中具体内容的呈现位置与编排顺序	
7. 分析研究教材的基本方法 (如分析某一具体内容在特定或不同版本中呈现特点的方法)	
8. 对数学教学中常用数学课程辅助资源 (如教辅书籍、网络资源、著作、期刊杂志等) 及其相应获取途径的了解	
9. 数学课程辅助资源在数学教学中整合与运用的知识	

(二) 关于数学课程内容的知识

调查项目	具备程度 (1—5)
1. 重要数学概念、法则、结论发展的历史过程 (如微积分产生的背景及发展历程、函数概念产生和发展的历史阶段、无理数的产生等)	
2. 中小学数学内容的知识体系以及学段间相关内容间的关联性	
3. 某一教学内容在数学学科以及各学段中的地位 (如函数在数学学科以及在中学各个学段的定位等)	
4. 中学数学中常见的思想方法	
5. 数学解题的基本理论 (如波利亚的 "怎样解题表" 等)	
6. 中学数学在其他相关学科和社会实践中的应用	

（三）关于学生学习数学的知识

调查项目	具备程度（1—5）
1. 不同年龄段学生的数学认知特点和数学学习风格	
2. 学生在学习具体内容时，在知识、能力、情感等方面的准备状况	
3. 数学学习内容与学生既有知识间的相关性	
4. 学生学习数学的规律与方法	
5. 学生在数学学习中可能存在的难点及其形成原因	
6. 学生在数学学习中常出现的典型错误及其形成根源	

（四）关于数学教学的策略性知识

调查项目	具备程度（1—5）
1. 数学教学设计的内涵、特点及其基本流程等	
2. 数学教案的设计要求、方法等	
3. 根据教学需要，重组与加工教学内容的基本方法（如，改编、拓展与整合教学内容）	
4. 确定教学重点和难点的基本方法与理论依据等	
5. 设计能够突出重点和突破难点的教学策略和方式	
6. 对教学过程中情境导入、课堂提问、作业布置等环节进行设计的基本方法	
7. 编制教学计划和教学目标的原则与方法等	
8. 根据设计意图，整体设计教学活动方案	
9. 对数学内容进行有效的解释或表征（如利用语言及非语言表达、书面表达、板书表达、情感表达等进行准确地表达）	
10. 对常见教学手段（如投影仪、视频等现代多媒体手段和黑板、粉笔等传统手段）的合理选择与运用	
11. 对常见教学组织方式（如全班同步、小组合作、个别指导等）的了解与运用	
12. 对常见数学学习方式（如合作学习、探究学习、自主学习等）的理解与运用	
13. 对常见数学教学模式（如讲练结合模式、探究式模式）的理解与运用	
14. 对常见数学教学方法（如讲授法、讨论法、自学辅导法、发现法等）的了解与运用	
15. 根据教学反馈，灵活调整与把控既定教学过程的知识	

（五）关于数学教与学的评价性知识

调查项目	具备程度（1—5）
1. 评价教师数学教学效果的基本方法、原则等	
2. 结合评价反馈，改进和调整教学的基本方法	
3. 反思数学教学的方法与基本路径等	
4. 评价学生数学学习效果的基本方法、原则等	
5. 结合学习评价来提升学生学习效果的基本方法	
6. 引导学生进行自我评价的基本方法	

二、对职前数学教师学科教学知识整体构成要素的现状调查

调查项目	具备程度（1—5）
1. 关于数学课程资源的知识	
2. 关于数学课程内容的知识	
3. 关于学生学习数学的知识	
4. 关于数学教学的策略性知识	
5. 关于数学教与学的评价性知识	

第三部分：影响职前数学教师学科教学知识的因素调查

1. 下列职前数学教师学科教学知识的获取途径对你获得学科教学知识的帮助如何？（请在相应选项后的方框内画"√"）

职前数学教师学科教学知识的来源		很大	较大	一般	很少	没有
中小学求学期间的经历（如数学学习过程的一些感受体验以及任课教师对自己的影响等）						
高等院校的培养	教师对数学教育理论课程的系统讲授					
	教师对一般教育类课程的系统讲授					
	有组织的校内教学实践（如微格教学、模拟教学以及教学技能比赛等）					
	有组织的校外教学实践（如校外教育见习与实习等）					

续表

职前数学教师学科教学知识的来源		很大	较大	一般	很少	没有
	自己在大学期间的家教、带班经验					
课外自学	阅读课外书籍及相关网络教学资源					
	观看教学视频					
	与老师和同学日常交流					

2.（单选）大学期间数学教育类课程（如数学教育学、课标解读、教材分析、教学设计）教师教学的主要方式是什么？（　　）

A. 照本宣科念 PPT　　　　　　　B. 案例分析

C. 理论讲解　　　　　　　　　　D. 小组讨论交流，教师总结点拨

3.（单选）实习中你感觉实施数学课堂教学最困难的是什么？（　　）

A. 学生基础差　　　　　　　　　B. 自己数学技能差

C. 课堂难于管理　　　　　　　　D. 缺乏有效教学策略与方法

4.（单选）结合实习经历，你感觉大学期间所学的数学教育类课程对你从事数学教学有帮助吗？（　　）

A. 帮助非常大　　　　　　　　　B. 有些帮助

C. 帮助不大　　　　　　　　　　D. 完全没有帮助

5.（单选）在大学期间的数学教育类课程中，你有机会参加小组讨论展示和任务型教学活动吗？（　　）

A. 经常有　　　　　　　　　　　B. 偶尔有

C. 基本没有　　　　　　　　　　D. 完全没有

6.（单选）在大学期间的数学教育类课程学习中，你更喜欢哪种类型的教学方式？（　　）

A. 照本宣科　　　　　　　　　　B. 案例分析

C. 理论讲解　　　　　　　　　　D. 观摩教学

E. 小组讨论交流，教师总结点拨

7.（单选）通过大学四年的学习和教学实习，你觉得自己能胜任基础数

学教育工作吗？（　　）

  A.完全能　　　　　　　　　　B.基本能

  C.基本不能　　　　　　　　　D.完全不能

  8.（单选）我国2011年颁布了《中小学和幼儿园教师资格考试标准（试行)》，其中对中小学教师的入职资格作了明确而具体的要求，你对标准所规定的要求的了解程度是_____（　　）

  A.仔细关注过　　　　　　　　B.听过，了解一些

  C.听过，但不了解　　　　　　D.没听过

  9.（单选）我国2012年颁布了《中学教师专业标准（试行)》，标准从专业理念与师德、专业知识、专业能力三个维度明确了中学合格教师专业素质的基本要求，你对标准涉及要求的了解程度是_____（　　）

  A.仔细关注过　　　　　　　　B.听过，了解一些

  C.听过，但不了解　　　　　　D.没听过

  10.（单选）在实习教学中，你运用的教学策略和方法主要来自_____（　　）

  A.在中小学当学生时对老师授课方式的观察

  B.自己在大学期间的家教、带班经验

  C.大学期间相关课程的系统讲授与训练

  D.课外自学

  E.有组织的校内教学实践（如微格教学、模拟教学以及教学技能比赛等）

  11.（单选）总体而言，你对学校开设的数学教育类相关课程的满意度如何？（　　）

  A.非常满意　　　　　　　　　B.基本满意

  C.不满意　　　　　　　　　　D.非常不满意

  12.你认为在实习期间，自己在数学教学实践中最缺的知识有哪些？（限选3项，并排序）

  A.数学学科知识

  B.数学课程资源知识（如对教材、课程标准以及信息技术及实物材料等

教学辅助性资源的了解、利用等)

　　C. 数学课程内容的知识（如对内容的来源、发展、蕴含的思想方法以及与生活、其他学科关联程度的了解）

　　D. 数学教学的策略性知识（即有关数学教学设计、组织、实施的知识）

　　E. 关于学生学习数学的知识（如学生在数学学习中的学习风格、学习机制等）

　　F. 关于数学教与学的评价性知识（即对教学和学生学习进行评价的方法）

　　G. 其他知识，如（请注明）＿＿＿＿＿＿＿＿＿＿＿＿＿＿＿＿＿＿＿

　　请将所选知识按照你的欠缺程度由强到弱的顺序排序：＿＿＿＿＿＿＿＞

＿＿＿＿＿＿＿＞＿＿＿＿＿＿＿

　　13. 你认为在当前的数学教育类课程教学中存在的主要问题有哪些？（限选3项，并排序）

　　A. 教学内容太陈旧

　　B. 过分偏重理论，实践太少

　　C. 课堂教学内容脱离实际情况，缺少学习兴趣

　　D. 师生合作讨论交流

　　E. 教学方式单一，学生总是被动接受，缺少学习的主动性

　　F. 其他问题，如（请注明）

　　请将所选问题按照存在程度由强到弱的顺序排序：＿＿＿＿＿＿＿＞

＿＿＿＿＿＿＿＞＿＿＿＿＿＿＿

　　14. 请简单列举对你形成与发展学科教学知识有较大帮助的五门课程。

　　15. 根据在大学学习和实习的经历，你觉得目前师范院校数学师范生的培养存在问题吗？如果有，问题是什么？

附录四　职前数学教师学科教学知识访谈提纲（专家）

1. 对于职前数学教师学科教学知识体系的构建，您还有什么意见或建议？

2. 您认为在职前数学教师的培养过程中，哪些学科教学知识比较重要？为什么？

3. 您认为职前数学教师如何能够更有效地发展他们的学科教学知识呢？有哪些主要的途径与方法呢？

4. 能否介绍一下，您是怎么由一个普通教师成长为一个优秀教师，最后成长为一个教学名师的？

5. 你们学校近年来是否有新入职的数学教师？他们在教学中的表现如何？在哪些地方特别需要得到提升呢？

6. 您认为在大学期间所开设的课程中，哪些对您日后从事教学工作帮助最大？为什么？

7. 根据您长期对职前数学教师学科教学知识的研究，您觉得师范院校在发展职前数学教师学科教学知识的过程中，应该在哪些方面需要特别关注呢？

8. 根据您长期在中学一线教学的经验，您认为师范院校在培养职前教师的过程中，应该怎样做才能提升师范生的培养质量呢？

附录五 职前数学教师学科教学知识访谈提纲（职前教师）

1. 你喜欢当中学数学老师吗？为什么？

2. 你在校外教育机构实习了多长时间，是什么时候开始实习的？你感觉在实习中有哪些收获？

3. 你觉得大学期间学校开设的课程中，对你的实际教学有较大帮助的课程有哪些呢？

4. 在大学期间，你是通过什么方式来学习学科教学知识的？为什么？

5. 你们平时在学校参加教学实践的机会多吗？主要有哪些？

6. 在数学教育类课程的学习过程中，你喜欢老师采用什么样的教学方式呢？为什么？

7. 根据在大学学习和实习的经历，你觉得目前师范院校师范生的培养存在问题吗？如果有，问题是什么？

8. 你对当前师范院校数学师范生的培养有何建议？

附录六　部分高师院校课程设置情况

BSYX1（部属院校 1）

	课程总门数	学分总数	数学教育类课程中相对应的具体课程	课程数占课程总门数比	学分占学分总数比
必修课	22	80	数学课程与教学论、 中学数学课程标准及教材研究、 信息技术在数学教学中的应用	3/22=13.6%	5/80=6.25%
选修课	24	41	高观点下的中学数学、竞赛数学、 数学教育心理学、数学建模、数学史、 数学思想方法、数学教育研究方法、 数学比较教育学	8/24=33.3%	13/41=31.7%

BSYX2（部属院校 2）

	课程总门数	学分总数	数学教育类课程中相对应的具体课程	课程数占课程总门数比	学分占学分总数比
必修课	19	82	数学学科教学论、数学教学技能训练	2/19=10.5%	3/82=3.66%
选修课	61	114	数学史、中学数学课程解读、竞赛数学 初等数学研究、数学教学评价与测量 中学数学教材研究、中学数学方法论 中学数学竞赛的组织与辅导、 高中数学选修课、基础数学文化、 中学数学名师讲座、数学教育研究导引、 现代数学理论与方法选讲	13/61=21.3%	27/114=23.7%

BSYX3（部属院校 3）

	课程总门数	学分总数	数学教育类课程中相对应的具体课程	课程数占课程总门数比	学分占学分总数比
必修课	26	74	数学课程标准与教学设计、 数学教育、数学教学实作训练	3/26=11.5%	5/74=6.8%

续表

BSYX3（部属院校 3）

选修课	37 不包含教师专业课程选修	98.5	数学建模与实验、数学软件、数学史、竞赛数学、中学代数研究、中学几何研究、数学课程标准解读	7/37=18.9%	16.5/98.5=16.8%

BSYX4（部属院校 4）

	课程总门数	学分总数	数学教育类课程中相对应的具体课程	课程数占课程总门数比	学分占学分总数比
必修课	31	82	数学建模、 数学学科教学论、数学学科技能训练、数学学科中学教材分析与教学设计	4/31=12.9%	3/82=3.7%
选修课	不含专业任意选修 课和教师教育选修课		限选课：初等代数研究 初等几何研究		

SBYX1（省部共建院校 1）

	课程总门数	学分总数	数学教育类课程中相对应的具体课程	课程数占课程总门数比	学分占学分总数比
必修课	17	74	数学教育心理学、数学教学论	2/17=11.8%	5/74=6.8%
选修课	28	72	数学建模、中学数学教学设计、竞赛数学、中学数学解题研究、中学数学现代教学技术、数学史初等数学研究、中学数学论文写作	8/28=28.6%	21/72=29.2%

SSYX1（省属院校 1）

	课程总门数	学分总数	数学教育类课程中相对应的具体课程	课程数占课程总门数比	学分占学分总数比
必修课	12	69	数学学科课程与教学论	1/12=8.3%	2/69=2.9%

续表

SSYX1（省属院校 1）

选修课	27	63	限选： 基础教育课程标准解读与教材分析 任选：中学数学奥林匹克、数学建模、 中学数学课程教学设计、数学文化鉴赏、 现代数学与中学数学、 数学课多媒体课件制作	7/27=25.9%	20/63=31.7%

SSYX2（省属院校 2）

	课程总门数	学分总数	数学教育类课程中相对应的具体课程	课程数占课程总门数比	学分占学分总数比
必修课	17	72	数学学科知识与教学能力	1/17=5.9%	2/72=2.8%
选修课	20	55	限选课：数学学习心理学、数学史、 数学教育研究选讲、数学微格教学、 初等数学研究、数学方法论	6/20=30%	14/55=25.5%

（注：由于数学分析是分学期开设，所以统计时将数学分析 1、数学分析 2、数学分析 3 作为同一门课程，课时数则是这三者课时数之和，类似地，将高等数学 1、高等数学 2 也视为同一门课程：课时数则是为两者课时数的总和。另外习题课不纳入课程与学时数。）

（注：由于在研究者选取的 9 所院校中，有一所省属一般院校在培养方案中不含教师教育类课程的必修课和选修课，而另一所省部共建院校的培养方案不包含教师教育类的任选课程，故这两所院校不作为统计样本进行对比研究。）